まるわかり

電力

デジタル

革命

Evolution Pro

# はじめに　電力デジタル革命とは何か

　電気事業、電力産業が誕生して140年。電力デジタル革命は、その連続的な発展の歩みの中における様々な変化とは大きく違う、非連続で予測不能なもの（ディスラプション）として出現しつつある。

　電気事業の歴史は、1880年代から1920年代までの揺籃期、1920年代から1970年代までの技術確立・成長期、それ以降の技術・制度多様化期に大きく分けて考えることができる。

　揺籃期の電気事業は、基本的に地産地消であり、技術面では発電・送電・配電とも未熟で、産業としての基盤も弱かった。1920年代になると、需要側でモーターや電球、供給側で多数の発電所による系統運用という電気事業の基本技術が確立され、そこから主に規模の経済によって大きな発展を遂げた。1980年代以降は、石油ショックの影響や世界的な経済停滞もあり原子力、LNG火力、再生可能エネルギーをはじめとする発電技術の多様化、電力自由化という制度的変化の契機となった。ただし、現在に至る電気事業の基本となる技術と方式は1920年代に確立された技術を踏襲し発展させてきたものである。

　電力デジタル革命とは、この電気事業の基本的な技術の枠組み（取引方法、取引主体、供給側・需要側の姿など）を根本から破壊する可能性を持つ変化である。しかもそれは、100余年に及ぶ電気事業の変化が、需要の拡大、供給方式の確立と多様化、資源環境の国際化と価格変動、制度改正など、あくまでエネルギー産業の内部で対応してきた

ものとは劇的に異なり、外部からの、つまり情報技術やコンピューター技術といったエネルギー以外の科学技術を起源としたイノベーションの波及による変化である。

　本書で取り上げる需要側の分散型エネルギー資源（DER）の活用、データ分析・AI（人工知能）、ロボティクス、電気自動車、フィンテックといった要素は、もともとエネルギー産業にはなかったものである。これまでの電気事業の枠組み、すなわち事業者が所有する発電機で電気を生産し、ネットワークでユーザーまで運び、家の外側に取り付けた電力量計の検針結果を元に課金して収入を得るという地域独占・総括原価方式のビジネスモデル、あるいはその機能が分離されたり別法人化されたり、さらにはそれらの間に変動性のある市場が誕生する、といった最新の競争・自由化モデルに至るまでの、すべてのビジネスモデルが、デジタル技術によって、ダイナソー（恐竜）化するポテンシャルを持っている。本書が「電力デジタル革命」という強いタイトルを敢えて掲げているのはそうした理由によるものである。

　この「電力デジタル革命」とは何かを問うて、前著の『まるわかり電力デジタル革命キーワード250』を刊行したのは、今から2年半前の2018年8月である。幸い、「第39回エネルギーフォーラム賞普及啓発賞」を受賞するなど、エネルギー論壇の中では一定の成果を挙げた。しかし、「普及啓発」という観点において、エネルギー業界での電力デジタル革命に関する十分な浸透が図られたのかを問われれば、正直なところ時期尚早であったかも知れないという想いを拭えずに今日に至っ

ている。

　電気事業においてはその後、2020年4月に電力システム改革の大きな節目となる送配電事業の法的分離が実施され、6月には「エネルギー供給強靭化法」が可決、公布された。この時期は折しも新型コロナウイルス感染拡大の影響が社会全体に広がったことを契機に、人々の従来からの価値観に大きな変革を迫ることになり、結果的にデジタル化への取り組みが加速しそうな状況にもある。また、ただでさえデジタル技術の盛衰は足の早いものであるため、全体として内容のアップデートを図る必要もあった。このような法改正や環境変化を踏まえ、本編の必要な修正に加えて新たな用語や章を追加することで、前著の実質的な増補改訂版となる『まるわかり電力デジタル革命EvolutionPro』を発行することにした。

　2年半前、あらゆる業界におけるデジタライゼーション（デジタル化）、デジタル・トランスフォーメーション（DX）の必要性が日々話題にのぼり、取り組み実態の濃淡は別にしても、経営課題における喫緊のものとして必ず挙げられる傾向にあった。そのお祭り騒ぎのような状態は、最近は少し落ち着いた感がある。一方、前著でも指摘した通り、電気事業モデルの転換は極めて局部から、ゆっくりと進んでいる。そして、法的分離後の新たな体制が発足し、コロナ禍を契機とした働き方の見直しなど、デジタル化推進の機運は事業者側にも高まりつつある。折しも政府がデジタル庁創設を決定するなど、社会全体としても様々な取り組みの速度を上げる環境がようやく整いつつある。

前著同様、本書の中でも電気事業の在来モデルの革新やレトロフィットに活かされる電力デジタルイノベーション（データ分析・AI、ロボティクス）、電気事業者自身が新分野として挑戦しているVPP（仮想発電所）などが紹介される一方、実際に在来モデルを大規模に破壊するP2P取引や機器別取引、多対多の根本的な電力取引の転換などについての、現状と課題を丁寧に説明している。こうした趣旨から、電力デジタル革命の重要なテーマごとに章を立て、その概要を解説し、その後に重要な用語を解説する方式も、前著同様に維持している。

　電力デジタル革命が電気事業者のテーマであり続けることは当面変わらない。その不確実性、予測不可能性を認識し、自分なりの解を出すには多様な知識と真摯な学びが不可欠であることは、この2年半の間で関係者には十分に理解されているものと考える。本書がその継続的な努力に対する助けに、再び貢献することを願うものである。

　2021年2月

# ■ 目次 contents

はじめに‥‥‥‥‥‥‥‥‥‥‥‥‥‥‥‥‥‥‥‥‥‥‥‥ 3
目次‥‥‥‥‥‥‥‥‥‥‥‥‥‥‥‥‥‥‥‥‥‥‥‥‥‥ 7

## 第1章　電力デジタル時代のエネルギービジネス、制度、技術　17

イントロダクション‥‥‥‥‥‥‥‥‥‥‥‥‥‥‥ 18
エネルギービジネスとデジタル技術の歩み‥‥ 20
デジタル技術革新がエネルギービジネスに与えるインパクト‥ 21
崩れる電力量価値とリスクが変える事業モデル‥‥ 22
ビジネスチャンスとしてのデジタル化のポテンシャル‥‥ 24
2020年法改正で加速する電力デジタル革命‥‥ 26

【用語】
デジタル‥‥‥‥‥‥‥‥‥ 28
AI（人工知能）‥‥‥‥‥ 29
IoT（モノのインターネット）‥‥‥ 29
Utility3.0 ‥‥‥‥‥‥‥‥ 30
電力量価値（kWh価値）‥‥ 31
容量価値（kW価値）‥‥‥ 31
調整力価値（⊿kW価値）‥‥ 33
スマートシティ‥‥‥‥‥‥ 33
スマートグリッド‥‥‥‥‥ 33
マイクログリッド‥‥‥‥‥ 34
プロシューマー‥‥‥‥‥‥ 34
自家消費‥‥‥‥‥‥‥‥‥ 35
EMS（エネルギーマネジメントシステム）‥ 35
TSOとDSO‥‥‥‥‥‥‥‥ 36
デススパイラル‥‥‥‥‥‥ 36

ネットメータリング制度‥‥‥‥‥‥ 38
バランシンググループ（BG）‥‥‥ 38
P2X‥‥‥‥‥‥‥‥‥‥‥‥ 39
スマートメーター‥‥‥‥‥‥ 39
次世代スマートメーター制度検討会‥‥ 40
エナジーハーベスティング‥‥‥‥‥ 41
蓄電池‥‥‥‥‥‥‥‥‥‥‥ 41
TPO（第三者所有）‥‥‥‥‥ 42
グリッドパリティ‥‥‥‥‥‥ 42
コネクト＆マネージ‥‥‥‥‥ 42
自然変動電源（VRE）‥‥‥‥ 43
卒FIT‥‥‥‥‥‥‥‥‥‥‥ 43
ポストFITとFIP‥‥‥‥‥‥ 44
非化石価値‥‥‥‥‥‥‥‥‥ 44
水素社会‥‥‥‥‥‥‥‥‥‥ 45
$CO_2$フリー水素‥‥‥‥‥‥ 45

**Column 01**　電力デジタル革命と電気事業制度①
ビジネス展開の鍵を握る電気事業制度‥‥‥‥‥‥‥‥‥ 46

## 第2章　デジタル化の世界と社会の変容　49

イントロダクション ……………………………… 50

デジタル化の意味 ………………………………52

デジタル化がもたらす社会の変容 ……………53

未来予測の難しさ ………………………………55

電気事業へのインプリケーション …………… 56

【用語】

エクスポネンシャル（指数関数的）……… 58

限界費用ゼロ ……………………………… 58

フリーミアム ……………………………… 58

機械との競争 ……………………………… 59

量子コンピューター ……………………… 59

BRMS（ルールエンジン）………………… 60

機械学習（ML）…………………………… 60

深層学習（DL）…………………………… 61

強化学習（RL）…………………………… 61

ニューラルネットワーク ………………… 62

マルチモーダルAI ………………………… 62

シンギュラリティ ………………………… 62

仮想現実（VR）…………………………… 63

拡張現実（AR）…………………………… 63

複合現実（MR）…………………………… 63

代替現実（SR）…………………………… 64

クラウドコンピューティング ………… 64

エッジコンピューティング…………… 65

ネットワーク仮想化 …………………… 65

ウェアラブルデバイス ………………… 66

パターン認識 …………………………… 66

自然言語処理 …………………………… 67

3Dプリンティング ……………………… 67

センサーネットワーク（WSN）……… 68

デジタルマーケティング ……………… 68

無線通信規格 …………………………… 68

Future of Work ………………………… 70

第4次産業革命 ………………………… 71

Industry 4.0 …………………………… 71

Society 5.0 ……………………………… 71

GAFA …………………………………… 72

BAT ……………………………………… 72

ネットとリアルの融合 ………………… 73

## 第3章　分散型エネルギー資源の増加とデジタル活用　75

イントロダクション ……………………………………76

分散型エネルギー資源とは何か………………… 78

分散型エネルギー資源のポテンシャル ……… 79

DERを集めて安定供給に活用するVPP ……… 80

DRの電力システム運用での活用 ‥‥‥‥‥‥‥‥‥‥‥‥‥ 82
分散化が進んだ未来のネットワークのあり方‥‥‥‥‥‥ 84

【用語】

エネルギー・リソース・アグリゲーション・
ビジネス（ERAB）‥‥‥‥‥‥‥‥ 86
デマンドレスポンス（DR）‥‥‥‥ 87
VPP（仮想発電所）‥‥‥‥‥‥‥‥ 88
電気料金型DR ‥‥‥‥‥‥‥‥‥‥ 88
インセンティブ型DR ‥‥‥‥‥‥‥ 88
ERABガイドライン ‥‥‥‥‥‥‥‥ 89
ベースライン ‥‥‥‥‥‥‥‥‥‥‥ 90
アグリゲーター ‥‥‥‥‥‥‥‥‥‥ 90
アグリゲーターライセンス‥‥‥‥‥ 91
ネガワット調整金 ‥‥‥‥‥‥‥‥‥ 91
エネルギービジョン改革（REV）‥ 92
ダックカーブ ‥‥‥‥‥‥‥‥‥‥‥ 92

ZEB／ZEH ‥‥‥‥‥‥‥‥‥‥‥ 93
調整力公募 ‥‥‥‥‥‥‥‥‥‥‥‥ 94
需給調整市場 ‥‥‥‥‥‥‥‥‥‥‥ 96
フレキシビリティ取引 ‥‥‥‥‥‥‥ 97
慣性力（イナーシャ）‥‥‥‥‥‥‥ 97
グリッドコード ‥‥‥‥‥‥‥‥‥‥ 98
再生可能エネルギーの市場統合 ‥‥ 98
再生可能エネルギー電源の自動制御‥ 99
定置用リチウムイオン蓄電システム‥ 99
コネクティッドインダストリーズ ‥ 101
DERのマルチユース ‥‥‥‥‥‥‥ 102
DERMS ‥‥‥‥‥‥‥‥‥‥‥‥‥ 102
DSOプラットフォームと
スマートレジリエンスネットワーク‥‥‥ 103

**Column 02** 電力デジタル革命と電気事業制度②
ポストFITの鍵握るデジタル技術 ‥‥‥‥‥‥‥‥‥‥ 105

## 第4章 IoTとデータアナリティクス　107

イントロダクション ‥‥‥‥‥‥‥‥‥‥‥‥‥‥‥‥‥ 108
社会のデータ化と電気事業の対応 ‥‥‥‥‥‥‥‥‥‥ 110
欧米の電気事業者の取り組み状況 ‥‥‥‥‥‥‥‥‥‥ 111
模索を続ける国内の電気事業者 ‥‥‥‥‥‥‥‥‥‥‥ 113
未来の姿の実現に向けた今後の課題 ‥‥‥‥‥‥‥‥‥ 114

【用語】

スマートデバイス‥‥‥‥‥‥‥‥‥ 116
M2M ‥‥‥‥‥‥‥‥‥‥‥‥‥‥‥ 116
RFID ‥‥‥‥‥‥‥‥‥‥‥‥‥‥‥ 117
非接触ICカード ‥‥‥‥‥‥‥‥‥ 117

スマート家電 ‥‥‥‥‥‥‥‥‥‥‥ 118
スマートハウス ‥‥‥‥‥‥‥‥‥‥ 118
スマートファクトリー ‥‥‥‥‥‥‥ 119
スマートコミュニティ ‥‥‥‥‥‥‥ 119
コネクティッドシティ ‥‥‥‥‥‥‥ 119

ICT ······························ 120
コネクティッドホーム ············ 120
エナジーエフィシェンシー··········· 120
コネクティッドワールド ··········· 121
AoT（モノのアナリティクス）··· 121
データサイエンティスト ··········· 121
ビジネスインテリジェンス（BI）··· 122
ビッグデータ ····················· 122
スマートデータ ··················· 122
ダークデータ ····················· 123
プレディクティブメンテナンス ····· 123
ダイナミックプライシング············ 124

サブスクリプションサービス ·········· 124
ロジック半導体／半導体メモリ ··· 125
パワー半導体 ······················ 125
デジタル半導体／アナログ半導体 ··· 126
GPU／NPU························ 126
データ独占 ························· 127
情報銀行 ··························· 127
オプトイン／オプトアウト ········· 128
デジタルツイン ··················· 128
画像センサー ····················· 129
ワイヤレス給電···················· 129

## 第5章　ロボット活用の最前線　131

イントロダクション ································· 132
ロボットとは何か···································· 134
ハードウェアとしてのロボット····················· 134
ソフトウェアとしてのロボット····················· 136
働き方改革と機械との共存··························· 138
最新トピックス ロボットとAIで火力発電所設備の巡視 ·············· 139

【用語】

用途別ロボット ···················· 140
災害対応ロボット··················· 140
産業用ロボット ···················· 140
人型ロボット ······················ 141
ソフトウェアロボット ·············· 141
協働型ロボット ···················· 141
ロボットティーチング ·············· 142
アクチュエーター··················· 142
マニピュレーター··················· 143
GPS自動走行システム ············· 143
ドローン··························· 144

ロボティック・プロセス・
オートメーション（RPA） ·········· 146
マーケティングオートメーション ··· 147
レコメンデーション ················ 147
仮想知的労働者····················· 148
働き方改革 ························· 148
コグニティブコンピューティング ··· 149
チャットボット ···················· 149
ITとOT ··························· 150
BPM ······························ 151
ベスト・オブ・ブリード ·········· 151

## 第**6**章　EV・モビリティ革命の可能性　**153**

イントロダクション ……………………………………… 154
電気自動車の歩みと現在のEVブーム ……………………… 156
EVブームの背景と現在地 ……………………………………… 157
モビリティ革命の可能性とEV ……………………………… 162
EVを巡る自動車産業の変革 …………………………………… 164
EVのエネルギービジネスへのインパクト ……………… 166
EV充電サービスへのエネルギー企業の対応 …………… 168

【用語】

| | | |
|---|---|---|
| CASE …………………… 170 | ワイヤレス電力伝送 ……………… 175 |
| 電気自動車（EV）…………… 170 | V2X ……………………… 175 |
| ハイブリッド車（HV／HEV）…… 171 | コネクティッドカー ……………… 176 |
| プラグイン・ハイブリッド車（PHV／PHEV） | 需要側コネクト&マネージ ……… 176 |
| …………………………… 171 | 充電ネットワーク管理プラットフォーム … 177 |
| 燃料電池自動車（FCV）…… 171 | J-Auto-ISAC …………… 178 |
| ZEV規制 ………………… 172 | MaaS（マース）…………… 178 |
| NEV規制とCAFC規制 …… 172 | パーソナルモビリティ …………… 179 |
| 脱ガソリン ……………… 173 | オンデマンド型交通 ……………… 179 |
| リチウムイオン電池 ……… 173 | テレマティクスサービス ………… 180 |
| 全固体電池 ……………… 174 | テレマティクス保険 ……………… 180 |
| EV充電スタンド ………… 174 | 自動運転車 ……………………… 181 |
| SOC／SOH ……………… 175 | オートウェア …………………… 182 |
| | 組み込みOS …………………… 183 |

## 第**7**章　フィンテックはエネルギー取引を変えるのか　**185**

イントロダクション …………………………………………… 186
デジタルテクノロジーが金融にもたらした産業変革 …… 188
デジタルテクノロジーがもたらすアンバンドリングとリバンドリング … 189
ブロックチェーンはエネルギービジネスに使えるのか…… 192

【用語】

フィンテック ················· 196
ネット決済サービスとモバイルペイメント ·· 196
ペイパル··················· 197
金融機能のアンバンドリング ········· 197
HFT ···················· 198
モバイルバンク ··············· 198
クロステック ················ 199
レグテック ················· 200
デジタル通貨 ················ 200
仮想通貨 ·················· 201
ブロックチェーン ·············· 201
ブロックチェーンの利用段階 ········· 202

P2P ···················· 203
分散型台帳技術（DLT） ··········· 204
マイニング ················· 205
イニシャル・コイン・オファリング（ICO） ·· 205
セキュリティ・トークン・
オファリング（STO） ··········· 206
トークン ·················· 207
スマートコントラクト ············ 207
イーサリアム ················ 207
ハイパーレッジャー ············· 208
電気計量制度の柔軟化 ············ 208
電力P2P取引 ················ 209

Column 03　電力デジタル革命と電気事業制度③
電力イノベーション促進的な制度改革と残された課題········210

# 第8章　デジタル時代のガバナンスとセキュリティリスク　215

イントロダクション ···································216
デジタル時代のITガバナンスとは ························218
ハイパーコネクティッドワールドにおけるセキュリティ対策 ········220

【用語】

ITガバナンス ················ 224
情報セキュリティ··············· 224
情報セキュリティポリシー··········· 224
情報セキュリティマネジメント
システム（ISMS） ·············· 225
NIST CSF ················· 225
リスクアセスメント／リスク対応 ······· 226
コーポレートIT／ビジネスIT ········ 226
内部統制報告書 ··············· 227
COBIT··················· 227

シャドーIT ················· 227
野良ロボット ················ 228
サイバーデブリ ··············· 228
ハイパーコネクティッドワールド ······· 229
EU一般データ保護規則（GDPR） ······ 229
プラットフォーマー規制 ··········· 230
SNS ···················· 230
サイバーセキュリティ ············ 231
最高情報セキュリティ責任者（CISO） ···· 231
セキュリティオペレーションセンター（SOC）
···················· 232

CSIRT（シーサート）・・・・・・・・・・・ 232
サイバーテロ／サイバー攻撃 ・・・・・・・・ 232
標的型攻撃 ・・・・・・・・・・・・・・・・ 233
DoS攻撃／DDoS攻撃／DRDoS攻撃 ・・・ 233
クラッカー／ホワイトハッカー ・・・・・・ 234

マルウェア ・・・・・・・・・・・・・・・・ 234
ゼロトラスト ・・・・・・・・・・・・・・・ 235
ペネトレーションテスト ・・・・・・・・・ 235
深層ウェブ ・・・・・・・・・・・・・・・・ 236
サイバーセキュリティ経営ガイドライン ・・ 236

## 第9章　イノベーションと新しいビジネスモデルの創出　239

イントロダクション ・・・・・・・・・・・・・・・・・・・・・・・・・ 240
電気事業ビジネスモデルの変遷 ・・・・・・・・・・・・・・・・・・・ 242
電力デジタル革命のイノベーション領域 ・・・・・・・・・・・・・・ 243
求められるイノベーション創出型経営 ・・・・・・・・・・・・・・・ 245
ディスラプティブ時代に求められる発想 ・・・・・・・・・・・・・・ 246

【用語】

破壊的イノベーション ・・・・・・・・・・ 248
ディスラプション・・・・・・・・・・・・・ 248
ジョブ理論 ・・・・・・・・・・・・・・・・ 249
資源配分プロセス ・・・・・・・・・・・・ 249
ブルー・オーシャン戦略 ・・・・・・・・・ 250
両利きの経営 ・・・・・・・・・・・・・・・ 250
デザイン思考 ・・・・・・・・・・・・・・・ 251
オープンイノベーション ・・・・・・・・・ 252
概念実証（PoC）・・・・・・・・・・・・・ 253
コーポレートベンチャーキャピタル（CVC）
・・・・・・・・・・・・・・・・・・・・・・ 253
最高デジタル責任者（CDO）・・・・・・・ 254
プロダクトアウト／マーケットイン ・・・ 254
サンクコスト／ストランデッドコスト ・・ 255
プラットフォーム・・・・・・・・・・・・・ 255

プラットフォーマー ・・・・・・・・・・・ 256
サービスプロバイダー ・・・・・・・・・・ 256
シェアリングエコノミー ・・・・・・・・・ 256
二面市場 ・・・・・・・・・・・・・・・・・ 257
柔軟性資源 ・・・・・・・・・・・・・・・・ 258
カスタマーエクスペリエンス（CX）・・・・ 258
ユーザーエクスペリエンス（UX）・・・・・ 259
OMO ・・・・・・・・・・・・・・・・・・・ 259
STEM教育 ・・・・・・・・・・・・・・・・ 260
ムーンショット型研究開発制度 ・・・・・・ 260
インキュベーター・・・・・・・・・・・・・ 260
アクセラレータープログラム ・・・・・・・ 261
ハッカソン ・・・・・・・・・・・・・・・・ 262
アイデアソン ・・・・・・・・・・・・・・・ 262
アジャイル開発 ・・・・・・・・・・・・・・ 263
ソフトウェアコンテナ ・・・・・・・・・・ 263

Column
04

電力デジタル革命と電気事業制度④
イノベーションと新しい経済モデルによる電気事業の可能性・・ 264

# 第10章 2020年代の電力デジタル経営　269

イントロダクション ······················· 270
ポストコロナにおけるDXの現状 ······ 272
DXの課題とデジタルリスクマネジメント ····274
インフラ維持と複合災害対応レジリエンス ···· 278
2050年カーボンニュートラルとグリーン成長戦略····· 281

【用語】

ニューノーマル ················ 285
DX／GX／CX ················ 285
デジタル政府 ················· 286
デジタル・ニューディール ········ 287
スーパーシティ構想 ··········· 287
スマートシティ・リファレンス・
アーキテクチャー············· 288
配電事業ライセンス ··········· 290
自立グリッド ················· 290
新型コロナウイルス感染症 ······ 290
シュタットベルケ ············· 291
オープンソース ··············· 291
非対面経済 ·················· 292
無人配送 ···················· 292
ウェビナー ·················· 293
改正都市再生特措法 ··········· 294
BCM／BCP ·················· 294
RaaS ······················· 295

GIS ························· 295
リモートワーク ·············· 296
リモート会議 ················ 296
アバター ···················· 297
ビジネスチャットツール ········ 297
サテライトオフィス ··········· 299
ギグエコノミー ·············· 299
ワーケーション ·············· 300
VPN／VDI／DaaS ··········· 300
パブリッククラウド／プライベートクラウド／
ハイブリッドクラウド ········ 301
電子認証／電子署名／電子決裁 ···· 302
サーキュラーエコノミー ········ 303
フルーガルイノベーション ······ 304
SDGs ······················ 305
ESG投資 ···················· 306
カーボンニュートラル ········· 306
カーボンプライシング ········· 307
グリーン成長戦略 ············· 308

おわりに ···················· 310
索引 ························· 313
図版索引 ···················· 323
著者紹介 ···················· 326
奥付 ························· 327

## ●本書について

　本書は電力・エネルギー分野のデジタル化に関連するキーワードを集めた用語集です。テーマごとに編集し解説を付けることで、より分かりやすく構成しています。この本に登場するテクノロジーや要素、アイデアなどは基本的に2021年2月末時点の情報に基づいて制作しています。

## ●本書のポイント

### Point1　各章冒頭で全体像を把握

各章のトップページは、その章を俯瞰する内容の文章と図版で構成しており、章のイメージをつかめるようになっています

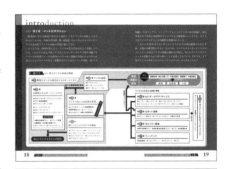

### Point2　テーマ別に要点を解説

章の中でもテーマ別に解説を行い、関連キーワードを説明することで、それぞれのキーワードが、より明解に把握できます

### Point3　キーワードが探しやすい

調べたいキーワードがある場合、①目次から探す、②索引から探す、③テーマごとに読む―という3つの方法が選べます

## ●本文内の主な表記基準について

KEY WORD　**電力デジタル革命**
【てんりょくでじたるかくめい】

―― 見出しに掲載されているキーワード
（目次、索引に掲載）

**電力デジタル革命** [»p.000]

―― 別ページに関連する解説あり
（目次、索引に掲載）

第1章

電力デジタル時代の
エネルギービジネス、
制度、技術

# introduction

　歴史的に異なる軌道を経ながら発展してきたデジタル技術とエネルギービジネスは、1980年代以降、発・送配電、小売りなどエネルギービジネスの各分野でデジタル技術の活用が進んできた。

　そうした中、2010年代に入り、デジタル化の意味は大きく変貌しつつある。これまでの電気の使い手であったユーザーサイドで再生可能エネルギーや蓄電池といった分散型のエネルギー資源の普及がエネルギー産業のビジネスモデルを大きく転換させているほか、データ分析、AI（人工

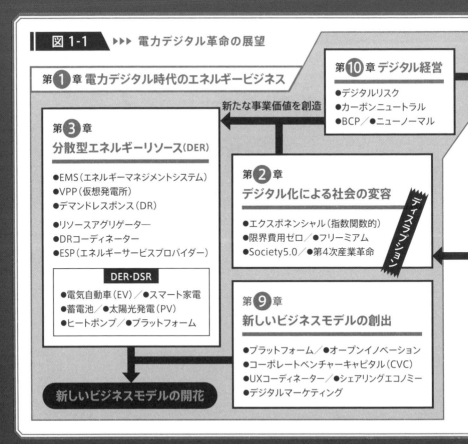

**図1-1** ▶▶▶ 電力デジタル革命の展望

**第1章 電力デジタル時代のエネルギービジネス**

**第10章 デジタル経営**
- ●デジタルリスク
- ●カーボンニュートラル
- ●BCP／●ニューノーマル

新たな事業価値を創造

**第3章
分散型エネルギーリソース（DER）**
- ●EMS（エネルギーマネジメントシステム）
- ●VPP（仮想発電所）
- ●デマンドレスポンス（DR）
- ●リソースアグリゲーター
- ●DRコーディネーター
- ●ESP（エネルギーサービスプロバイダー）

**DER・DSR**
- ●電気自動車（EV）／●スマート家電
- ●蓄電池／●太陽光発電（PV）
- ●ヒートポンプ／●プラットフォーム

**第2章
デジタル化による社会の変容**
- ●エクスポネンシャル（指数関数的）
- ●限界費用ゼロ／●フリーミアム
- ●Society5.0／●第4次産業革命

ディスラプション

**第9章
新しいビジネスモデルの創出**
- ●プラットフォーム／●オープンイノベーション
- ●コーポレートベンチャーキャピタル（CVC）
- ●UXコーディネーター／●シェアリングエコノミー
- ●デジタルマーケティング

新しいビジネスモデルの開花

知能）、ロボティクス、フィンテックといったデジタル化の加速が、電気事業やガス事業の本質的なビジネスおよび新領域のビジネスに、より大きなインパクトを与える可能性も指摘されている。

　これらの大変革はエネルギービジネスにおける成長領域でもある半面、実現の不確実性も大きい。そのため、すべてのエネルギービジネスのプレーヤーは電力デジタル技術の動向を注視し、自らのリスクとポテンシャルを把握しながら取り組むことが必要とされている。それでは、まず電力デジタル革命とはどのようなものなのか、から考えてみよう。

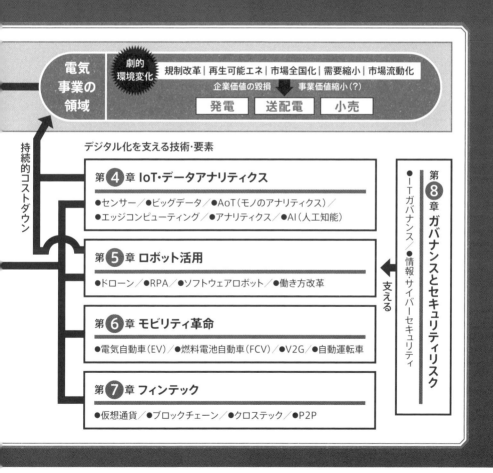

# エネルギービジネスとデジタル技術の歩み

**デジタル** [»p.28]とは、情報理論における用語で、連続した値（アナログ）でない値、すなわち符号化できる値を意味する。その符号化した値（データ）を使って処理（計算、加工、伝送）などを行う技術を**デジタル技術** [»第2章参照]と呼ぶ。ここ数十年、デジタル技術はコンピューターと情報通信の飛躍的な性能向上により、多様かつ大量にデータを扱えるようになってきた。

一方、エネルギービジネスは、デジタルの概念すらなかった19世紀末から、本質的には電気やガスといったエネルギー財の物的特性をうまく利用したアナログシステム（例えば電気では交流送配電と発電機の出力変動運転による品質安定、ガスでは導管ネットワークの貯蔵機能〈尤度〉を活かした需給弾力性利用など）によって運用され、発展してきた。

このように全く異なる経緯で発展してきたデジタル技術とエネルギービジネスは、1970年代以降、次第にかかわりを深めた。当初はアナログ形式だった電力系統運用や発電指令システムの通信用信号がデジタル方式になった。その後、デジタル技術を応用した自動化システムの導入のほか、顧客データ管理や業務運用システムもデジタル技術によって高速化・大量処理が可能となった。さらにエネルギー事業者が情報通信ビジネスに進出する動きに従って、自らもデジタル技術の担い手・開発者となった。

# デジタル技術革新が
# エネルギービジネスに与えるインパクト

　そうした中、世界ではデジタル技術の革新が飛躍的に加速し、エネルギービジネスへの応用範囲は広がりをみせている。データ処理の高度化・高速化による**AI（人工知能）**[»p.29]や**ロボティクス**[»第5章参照]の発達は、電気事業をはじめ巨大な設備管理やベースオペレーションを持つエネルギービジネスにとって応用範囲が広く、うまく使えばその効果は大きい。

　一方で普及が進みつつある**分散型エネルギー資源（DER）**[»第3章参照]、すなわち再生可能エネルギーや**蓄電池**[»p.41]、**電気自動車（EV）**[»p.170]、**デマンドレスポンス（DR）**[»p.87]に利用可能な機器類も、デジタル技術によってうまく管理すれば、その機能を集約でき、様々な形で電力システムの一部として活用することが可能となる。また、家庭内の機器をつないでサービスを提供するような**IoT（モノのインターネット）**[»p.29]の応用もデジタル技術の革新によってコストダウンが進み、魅力的なサービスが生まれる素地が出てきている。

　そして何よりも、デジタル技術の革新による影響がこれまでと根本的に異なる点は、事業運営の機能代替や効率化といった従前の変革とは違い、エネルギービジネスのビジネスモデル自体に大きなインパクトを与える可能性が挙げられる。

# 崩れる電力量価値と
# リスクが変える事業モデル

デジタル化やDERがエネルギービジネス、特に電気事業のビジネスモデルに与える影響をもう少し具体的に見てみよう。

まず、典型的な例としては、DERの増大が、今までの電気事業のビジネスモデルを根本から揺さぶり、場合によっては資産の価値毀損や利益の大幅喪失を引き起こすことである。電気事業のビジネスモデルの基本は発電ビジネスであるが、日本でも容量市場や需給調整市場が立ち上がり始めたように次第に変化していく。

デジタル化やDERの普及で先行する欧米では、

①火力など既存発電設備の発電量が再生可能エネに押し出される形で減少する

②再生可能エネの設置と**ネットメータリング制度**[»p.38]で託送収入が激減する（**デススパイラル**[»p.36]）

③再生可能エネ発電のゼロ価格投入によって電気の市場価格が継続的に下落する

などで、**電力量価値（kWh価値）**[»p.31]を中心とした経営へのマイナス影響が顕在化している。

さらに、日本の場合、省エネルギー技術の進歩や**ゼロエネルギーハウス（ZEH）**[»p.93]の普及が販売電力量を縮小させることも予測される。

このような変化によって将来的に電力量価値が減衰すれば、電気の

安定供給に必要不可欠な調整力や予備力に使用する発電設備を中長期的に維持できなくなることも想定される。そこで、供給信頼度維持のための**調整力価値（⊿kW価値）**[»p.33]や**容量価値（kW価値）**[»p.31]を市場で取引することにより、適正なコストで電気の安定供給を維持する仕組みづくりが加速していくことになる。

　電力量価値と調整力価値、容量価値の将来イメージを示したのが**図1-2**である。

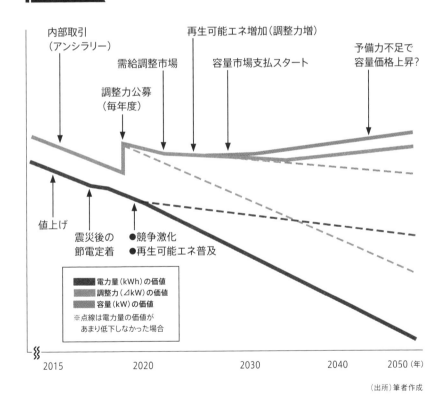

**図1-2** ▶▶▶ 容量・調整力の価値予測

内部取引
（アンシラリー）

調整力公募
（毎年度）

需給調整市場

再生可能エネ増加（調整力増）

容量市場支払スタート

予備力不足で
容量価格上昇？

値上げ

震災後の
節電定着

●競争激化
●再生可能エネ普及

■ 電力量（kWh）の価値
■ 調整力（⊿kW）の価値
■ 容量（kW）の価値
※点線は電力量の価値が
　あまり低下しなかった場合

2015　　　　2020　　　　2030　　　　2040　　　　2050（年）

（出所）筆者作成

次に、大量に普及したDERは数多くの電気の新しい売り手を作り出し、有力な電気の売り手だった電気事業者の収益機会を奪う可能性もある。その際、デジタル技術は、より多くの売り手・買い手をつなぎ合わせる**P2P**【»p.203】と呼ばれる取引形態を実現させる**電力P2P取引**【»p.209】のような新技術を提供するポテンシャルも持っている。

ほかにも、例えば蓄電池技術の大幅革新は、ユーザー自身が電気の貯蔵・系統への投入を低コストで自在に制御できることを意味し、大手小売電気事業者の主力商品であった時間帯別の電気料金制度の運用を極めて困難にする（それ以前に太陽光発電が大量に普及すれば、ピーク時間帯に高い単価を設定して各種のコストを回収することすら困難になる可能性もある）。

# ビジネスチャンスとしての
# デジタル化のポテンシャル

一方で、デジタル化はエネルギービジネスにとって新しいビジネス領域ともなり得る変化である。DERを電力システムに取り込むプラットフォーム化は、**VPP（仮想発電所）**【»p.88】の実証事業【»第3章参照】で既に一部事業者が取り組みを始めており、将来のビジネス化も視野に入っている。データ分析やロボティクスは事業運営コストの継続的な低減や顧客へのサービスの革新、省力化を通じて競争力向上につながるものである。

電気事業の経営にとって大きな脅威となっている再生可能エネも、

ビジネスチャンスのポテンシャルを秘めている。2009年に始まった余剰電力買取制度(2012年から再生可能エネルギー固定価格買取制度＝FITに制度移行)では、2020年のFIT法改正により、買取期間満了後、電力取引市場との統合(小売事業やDERアグリゲーター【»第3章参照】とのカップリング)が図られることになるほか、FITではない電気は環境価値を持つため、それを使ったビジネスも考えられ、数多くの売り手が散在している。そうした取引では、ブロックチェーンのようなデジタル技術が必要となる可能性もある。さらに、2020年の電気事業法改正では新たな事業形態として既存の送配電事業者以外に再生可能エネや蓄電池を使った地域レベルのグリッドを想定した配電事業ライセンスも新設されるなど、地方自治体まで含めた様々な事業者にビジネスチャンスが広がっている。

　関連して、こうした多対多の電力取引は、現行の電気事業にかかわる法令のいくつかと不整合になり得る点がある。現行制度では個人であっても、電気の売り手になるには小売電気事業者のライセンス登録が必要であり、電力・ガス取引監視等委員会の監視対象となる。またブロックチェーンのようなP2Pの取引を実行、決済するには、検定を受けた計量器を使用する必要があり、厳格に適用すると、こうした分野でのビジネスイノベーションを阻害するのではないかという懸念も指摘されている。

　また、パリ協定の下、日本が抜本的な低炭素化を実現するためには、超電化社会を目指す必要があり、そこでの電化シフト(運輸分野の電気自動車シフト、空調・給湯分野のヒートポンプシフトなど)は当然、収益機会となる。

さらに、その際に利用するエネルギーは、現時点で十分な経済性を持たない水素利用による社会システムの構築など、挑戦的な低炭素技術にも前向きな取り組みが必要とされるので、ここにもエネルギービジネスとして成長のポテンシャルがある。

すなわち、エネルギービジネスのデジタル化には、プラスとマイナスのインパクトがあり、リスクとチャンスの両面を持っている。率先して取り組みに着手することでリスクに備え、ビジネスチャンスを活かすことが必要であろう。

# 2020年法改正で加速する 電力デジタル革命

2020年6月に「エネルギー供給強靭化法」として成立した電力制度改革は、アグリゲーターライセンスや**配電事業ライセンス**【»p.290】を新設し、データや計量器に関する**ルールの柔軟化**【»第7章参照】を示した電気事業法改正、FITからの制度移行を示した再生可能エネルギー特別措置法の改正等、全体として電気事業全体がより新しい業態や分散型エネルギーリソースを活用し、最新の技術を取り込んで発展していくことを前提としている。

**アグリゲーター**【»第3章参照】はこれまで100年間続いてきた発電・送電・配電・小売りという電気事業の事業類型に新しく加わる概念であり、一般送配電事業とは別の配電事業者がいる世界は今までの電気事業の仕組みが唯一無二のものではないことを意味している。またこれ

までFITという、市場メカニズムが働かない外の世界で、補助方式により増加してきた再生可能エネを市場に統合していくためには、より高度な予測、データ、需給マッチングが当然必要になる。これらの電気事業の転換、高度化に必要になるものが「電力デジタル革命」という言葉であらわされる一連のイノベーションである。

# デジタル

【Digital】

情報を「離散的」な値（0と1の数字の組み合わせ）の集合として表現すること。「連続的」を意味するアナログの対義語。語源はラテン語の「指（digitus）」といわれ、1、2、3と一つ一つの数字を指折り示すところに由来する。映像、音声、画像などあらゆる物理的な量をデータとして数値化することで、様々な情報をコンピューター上で処理（取得、蓄積、伝送、記録、加工など）できるようになった。

デジタルの提供価値を、ビジネスへの活用という視点で捉えた場合、様々な新規サービス開発のほか、主に既存事業の収益改善を目的とした業務の高度化や効率化、自動化、省人化といった文脈で語られることが多い。

2016年11月、経済産業省は「電力インフラのデジタル化研究会（E-Tech研究会）」を立ち上げ、電力インフラにおけるデジタル技術については、

## 図 1-3 ▶▶▶ 電力分野におけるデジタル化・データ活用の動向

| | 目的・提供価値 | 代表的な取組事例 |
|---|---|---|
| 新規事業創出 | エネマネサービス開発等 | ●ブロックチェーンP2P電力取引【送配電・小売】<br>●分散型エネルギーシステムの構築【送配電・小売】 |
| | エネルギー以外の新規サービス開発 | ●電力使用量データ（スマートメーター）の活用【送配電・小売】 |
| 収益性改善 | 自動・最適制御化<br>（最適制御等） | ●IoT、AI技術等を利用した発電所の超高効率運転【発電】<br>●小売電気事業者による最適な調達計画・収益性分析【送配電・小売】 |
| | 省人化・保安力<br>（遠隔化・自動化） | ●IoT、AIを活用した保安技術の向上【発電・送配電】<br>　（例：送電線外観点検、鉄塔劣化診断におけるドローン活用等） |
| | 情報化<br>（形式知化・予測・共有） | ●小売電気事業者による最適な調達計画・収益性分析【小売】<br>●再生可能エネ出力予測【送配電】 |

（出所）経済産業省資源エネルギー庁HPの表を筆者修正

① 送配電インフラのデジタル化・高度化による収益性のさらなる向上

② 発電インフラのデジタル化・高度化を武器とした積極的な海外進出

③ 小売り・エネルギーサービスにおけるデジタルイノベーションの創出

など、競争力強化のポテンシャルを示した上で、電力産業の競争力強化の観点から具体的な施策を議論している。

# AI（人工知能）

**【 AI=Artificial Intelligence 】**

AIは、人間の頭脳の働きに代わるものとして、機械が「大量の知識データに対して、高度な推論を的確に行うことを目指したもの」（人工知能学会設立趣意書からの抜粋）とされ、人間の知的な行動や能力を、様々なテクノロジーやソフトウェアを使って再現しようとすることを意味する。

従って、AIには単なる演算処理システムではなく、人間の自然言語の理解や自己学習による応用といった、人間の思考のような柔軟性や発展性のある処理が求められる。20世紀半ばから研究開発が行われてきたが、近年のブームにおいては深層学習による機械学習の高度化が一つのきっかけになったといわれている。

# IoT（モノのインターネット）

**【 Internet of Things 】**

IoTは「モノのインターネット」と訳される。IoTによって、従来インターネットに接続されていなかった様々なモノが、インターネットを介してサーバーやクラウドに接続され、相互に連携しながら情報の交換や処理・分析などを行うことが可能になるとされている。センサー技術や通信インフラの高度化・低価格化などによって実現性が高まりつつあり、近い将来において家電機器や自動車などがIoT化され、新しいサービスや暮らし方が広がるといわれている。現在、日本で行われているVPP（仮想発電所）実証もIoT活用の一例である。

2020年版の情報通信白書によれば、世界のIoTデバイス数は2015年時点の

図 1-4 ▶▶▶ 接続先別にみるIoTでつながるモノの待機電力量の増加予測（世界）

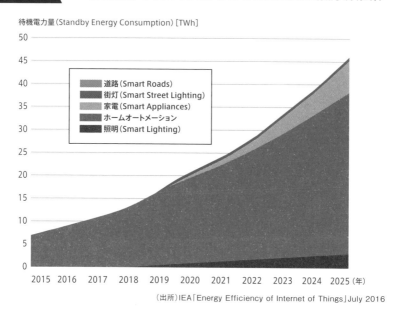

待機電力量(Standby Energy Consumption) [TWh]

凡例:
- 道路 (Smart Roads)
- 街灯 (Smart Street Lighting)
- 家電 (Smart Appliances)
- ホームオートメーション
- 照明 (Smart Lighting)

（出所）IEA「Energy Efficiency of Internet of Things」July 2016

約165億個から、2022年までに約348億個まで増大するとされている。

　また、エネルギーの観点で見た場合、IoT拡大によってデバイス本体の電力消費量自体も増加が予想されており、国際エネルギー機関（IEA）によれば、家庭向けIoTデバイスの電力消費量は2015年の70億kWhから、2025年にはおよそ460億kWhまで拡大すると予測されている。

**KEY WORD**

# Utility 3.0

【ユーティリティー3.0】

　エネルギー産業の長期的な構造的変化を表した表現。東京電力ホールディングスの経営技術戦略研究所で議論され、書籍『エネルギー産業の2050年Utility3.0へのゲームチェンジ』（竹内純子編著［2017］日本経済新聞出版社）にまとめられた。

　今後、エネルギー産業は、大きな5つの変革ドライバー（人口減少、脱炭素化、

分散化、自由化、デジタル化）を経験することで、これまで扱ってきたエネルギーとしての電気の価値（kWh価値）は低下し、kWhを需要に応じて入手するための設備を確保する価値（kW価値）や、需要の変動を柔軟にフォローしてkWhの品質（周波数・電圧など）を維持する価値（⊿kW価値）が高まる。その過程において、エネルギー小売業は顧客体験をサービス化し、電気自動車の普及などによる電力システムと運輸システムの融合、電力市場自体のリパワリング（電力市場の再設計）が進むという2050年を念頭においた世界観を示している。

　自然独占・規制下にある垂直統合体制のエネルギー事業を「Utility1.0」、2020年の電力会社の法的分離や2022年のガス会社の法的分離後のエネルギー事業を「Utility2.0」と定義し、それに続く将来のエネルギー事業の姿として「Utility3.0」と表現している。

# 電力量価値（kWh価値）
### 【 でんりょくりょうかち 】

　電力の供給量に対する価値。容量（kW）価値、調整力（⊿kW）価値などになぞらえて、kWh（キロワットアワー）価値と表現される。Utility3.0においては、今後、人口減少や省エネの進展に伴ってkWhの価値が縮小し、一方で分散化やデジタル化によってkWや⊿kWの価値が拡大すると考察している。

# 容量価値（kW価値）
### 【 ようりょうかち 】

　今後、各種市場が整備され、電源の価値が分かれていく中で、そのうちの一つである将来的な電力の供給能力に対する価値を容量価値といい、kW（キロワット）価値とも表現される。

　電力市場の自由化が始まり一定期間を経ると不稼働設備は徐々に閉鎖されていくため、この動きを放置すれば将来的に予備力が不足すると考えられる。

　電気の供給信頼度を維持するためには設備容量を保証し、市場管理者または市場参加者全員が負担するシステムが必要であるが、このシステムを総称して

容量メカニズムと呼ぶ。

　容量メカニズムには容量市場のほか、戦略的予備力（Strategic Reserve）、容量支払制度（Capacity Payment）などの方法があり、日本では北米パワープール（PJM、NY-ISO、ISO-NE）や英国で運用されているものに近い形の容量市場が採用された。

　容量市場における取引は、実需給年度の4年前にオークション形式で実施される。メインオークションの初回入札は2020年7月に実施されたが、その応札結果は上限価格14,138円/kW近傍の14,137円/kWとなった。

　その後、2021年1月の電力需給逼迫を受けて、制度の改良に向けた議論が進んでおり、その後に基準価格（Net CONE）の修正やDRの活用拡張を含む方向性が打ち出されている。

**図 1-5** ▶▶▶ **メインオークションのイメージ**

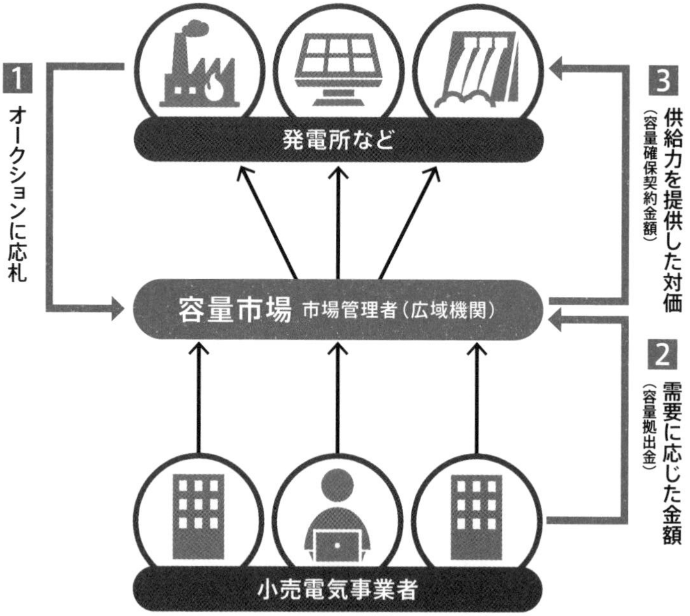

（出所）電力広域的運営推進機関HP

# 調整力価値（⊿kW価値）
【 ちょうせいりょくかち 】

供給信頼度、周波数維持に必要な調整力の価値。⊿kW（デルタキロワット）価値と表現することがある。自由化制度を導入した国・地域のうち、パワープール以外の地域では、供給信頼度維持を担当する系統運用部門（2018年時点の日本の場合は大手電力会社の送配電部門）が発電会社から調整力（発電機やデマンドレスポンス）を調達する必要がある。日本やフランスのような年間で調達・契約する仕組みのほか、ドイツのように週単位で調達する仕組みなどがあり、日本も需給調整市場への衣替えが予定されている。
（需給調整市場、調整力の種類については【»第3章参照】）

# スマートシティ
【 Smart City 】

スマートシティとは、情報通信技術や環境技術などを取り入れ、街全体として省資源化、省エネルギー化を追求する次世代の環境配慮型の都市モデルのこと。

様々な種類のデバイス、IoTセンサーを通してデータを収集し、それらのデータアナリティクスにより得た洞察を、都市の資産や資源、サービスを効率的に運用・管理するために活用する。その対象は、スマートシティ内の交通システム、発電・電力供給、水道供給、廃棄物回収、犯罪検知、情報通信システム、教育、医療、その他のコミュニティサービスなど広範囲に及ぶ。コミュニティメンバーによるデータ提供の見返りは、都市機能が改善されることにより享受できるQOL（Quality of Life、生活・人生の質）の向上などである。

# スマートグリッド
【 Smart Grid 】

スマートグリッドは、スマートシティの中核技術の一つとされ、従来の送配電ネットワークに情報通信技術や分散型エネルギー資源を取り入れ、電力システ

ム全体の物理的安定性を損なうことなく、ネットワーク内の需給制御の自動最適化やネットワーク信頼度の向上、さらにはネットワーク増強投資の最適化を志向する次代の電力流通システムのことを指す。

今後、スマートメーターなどを基点に電力ネットワークに通信・制御技術が組み込まれることで、従来の集権的な一方向の管理ではなく、分散的・自律的な双方向の管理がもたらされると考えられている。

 ## マイクログリッド
【 Micro Grid 】

マイクログリッドのシステム規模や設備仕様などに明確な定義はないが、大規模発電所からの基幹電力ネットワークを経由した中央集権的な電力供給とは別に（あるいは連系して）、ある一定の需要地内で複数の自然変動電源や制御可能電源を組み合わせ、エネルギー供給の安定性や品質を高めようとする小規模なエネルギーネットワークを指す。

一方、離島やへき地などにおいて、系統から完全に切り離された独立した系統をオフグリッドという。

 ## プロシューマー
【 Prosumer 】

生産者（Producer）と消費者（Consumer）とを組み合わせた造語で生産消費者のこと。

未来学者アルビン・トフラーが著書『第三の波』（1980年）の中で予見した新しい消費者のスタイル。電気事業においても、2019年以降、住宅用太陽光発電設備で、余剰電力買取制度による買取期間が終了した設備が出てくる。その余剰電力を蓄電池などと組み合わせて自家消費をする、あるいは小売電気事業者やアグリゲーター事業者に対して相対・自由契約で余剰電力を売電する（＝電力の生産消費者になる）といった流れの中で、徐々に顧客のプロシューマー化が進んでいくと想定されている。また、そうしたプロシューマーの登場を前提に、

余剰売電を行うプラットフォーム構築や、ブロックチェーンを活用した新しいP2P取引といった新たなビジネスモデルが検討されはじめている。

# 自家消費
【 じかしょうひ 】

　太陽光発電などによる余剰電力を蓄電池などに貯め、必要時に放電することで、余剰電力を自らの電力消費に取り入れること。

　太陽光発電設備などにEMS（エネルギーマネジメントシステム）や定置用蓄電池、電気自動車用蓄電池などを組み合わせ、建物や家庭単位でエネルギー需給全体を最適化しようとする取り組みが進みつつある。2019年以降、余剰電力買取制度による買取期間が終了した太陽光発電設備が出てきている。この買取期間が終了した電源については、法令に基づく買取義務はないため、蓄電池などとの組み合わせによって自家消費する、あるいは現状では小売電気事業者、将来的にはアグリゲーター事業者も加わり、相対・自由契約で余剰電力を売電することができるようになった。

# EMS（エネルギーマネジメントシステム）
【 Energy Management System 】

　EMSとは、情報通信技術を用いて、使用電力量の見える化、節電のための機器制御、太陽光発電や蓄電池の制御などを行うエネルギー管理システムをいう。

　家庭やオフィスビル、地域など、その管理対象によりHEMS（ホームエネルギーマネジメントシステム）、BEMS（ビルエネルギーマネジメントシステム）、CEMS（コミュニティエネルギーマネジメントシステム）などと呼ばれる。

# TSOとDSO

【 TSO＝Transmission System Operator／DSO＝Distribution System Operator 】

TSOは送電管理・系統運用者のこと。DSOは配電系統の管理・運用者のこと。

発電所によって発電された電気は、50万V〜27.5万Vの超高圧送電線から超高圧変電所に送電され、以降各送電線から変電所を経由して段階的に降圧しながら顧客に届けられる。電線を通る電気は、電圧が高いほど送電ロス（電線で消費する電力量）が減少するという関係性にあり、電力系統は可能な限り顧客の手前まで高い電圧を維持させるという思想に基づいて設計されている。

このうち、発電所から変電所までの基幹部分が送電系統、変電所から企業や住宅などに電力を届ける部分が配電系統であり、それぞれの運用をつかさどる機関をTSO（送電・系統運用会社）、DSO（配電・配電系統運用会社）という。

海外の一部では系統運用が送配電ネットワーク所有と別組織化されているため、ISO（独立系統運用者）、送電線所有会社、DSOの3つに分かれるケースがある。

# デススパイラル

【 Death Spiral 】

負の連鎖、負の循環のこと。欧米諸国を中心に、太陽光発電などの大量導入によって送配電事業の費用回収漏れが構造的に連鎖していくことが指摘されており、デススパイラルと表現されている。

太陽光や蓄電池による自家消費、省エネルギーなどにより、設備計画策定時や電気料金設定時よりも系統電力の伸びが鈍化・減少すると、電力会社にとって、自家消費などによる直接的な収益悪化に加え、①系統電力需要の減少→②系統利用率の悪化→③託送料金の引き上げ→④電気料金の上昇→⑤さらなる自家消費の拡大—といった負の連鎖が続く可能性がある。

特に米国などではネットメータリング制度のもとで太陽光発電などの導入が進んだが、近年では顧客負担の不公平性（太陽光所有者は相殺分の託送費用は払わないため、結果的に太陽光発電所有者以外に託送コストがしわ寄せされ

**図 1-6** ▶▶▶ 一般的な電気の流れ

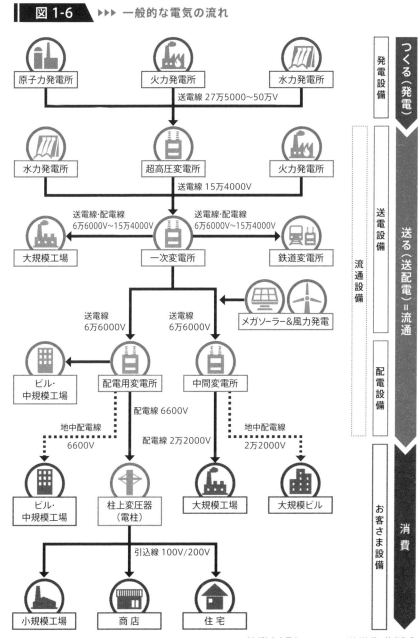

（出所）東京電力PGホームページなどを基に筆者作成

る）の問題もあり、太陽光発電所有者への新しい負担などネットメータリングの見直しの動きも始まっている。

# ネットメータリング制度
### 【 Net Metering 】

　自家消費を目的とする小型分散型電源の導入促進のために海外の一部の国・地域で導入されている、電気の売買を差し引き、繰り越しなども行って、小売料金を計算する制度。米国などではこの制度の導入が家庭用太陽光発電など小型分散型電源の普及に大きな役割を果たした。

　この制度では、自宅の屋根に設置した太陽光発電などからの余剰分を系統側に供給（逆潮流）する場合、供給した分だけ電力メーターを戻すことができ、事実上、電力会社の売電価格と買電価格（余剰電力を購入する価格）が同じとなり、売りが多ければ翌月に繰り越して小売料金を削減することもできる。

　この結果、ネットメータリングは、電気料金に上乗せされている送配電網の維持費やバックアップ費用（託送料金）などの固定費負担を逃れていることになる。

　さらに、電力会社は販売電力量の減少で回収できなくなった固定費を、託送料金などの値上げで回収することになり、その負担がまた太陽光発電を設置していない需要家の電気料金へ転嫁されるといった問題点もある。

# バランシンググループ（BG）
### 【 BG=Balancing Group 】

　バランシンググループとは、いわゆるパワープールを採用していない自由化制度において、発電・小売会社が形成する責任グループである。日本の現行制度では、バランシンググループに30分単位で発電量と需要量を合わせる同時同量（バランシング）を義務付けている。

# P2X

【 Power to X 】

P2Xとは、電力から他のエネルギーなど（X）へ変換することを意味しており、温水や製氷などの熱に変換するP2H（Power to Heat）や、電力を水の電気分解（水電解）に利用して水素やメタンなどの気体燃料に変換するP2G（Power to Gas）などがある。特にP2Gは、今後、導入が拡大していく再生可能エネの余剰電力を活用でき、将来的には連系線の容量不足といった問題への有望な対応策の一つになり得ると期待されている。

# スマートメーター

【 Smart Meter 】

スマートメーターとは、検針・料金徴収業務に必要な双方向通信機能や、遠隔開閉機能を有した電子式メーターのことで、使用者の30分ごとの使用電力量の計測や、宅内向け通信機能を有している。使用電力量などのデータを発信するルートは3つあり、それぞれ「Aルート」、「Bルート」、「Cルート」と呼ばれている。

●Aルート：スマートメーターで計測した使用電力量のデータなどを送配電事業者へ送るルート。

●Bルート：スマートメーターで計測した使用電力量データなどをリアルタイムで需要家へ送るルートで、EMSによって使用電力量や電気料金などの「見える化」、機器の制御などを行うことができる。

●Cルート：使用電力量データなどをスマートメーターから直接または送配電事業者を経由して小売電気事業者やその他の民間事業者など第三者に送るルートで、これによって得られたデータを活用し、需要家への多様なサービスの提供が検討されている。日本ではまだ利用されていない。

図 1-7　▶▶▶ スマートメーターによるデータの流れ

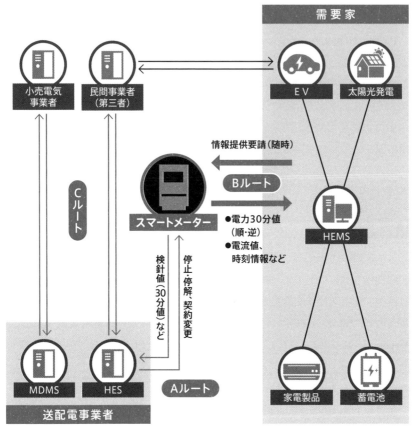

（出所）経済産業省資源エネルギー庁

# 次世代スマートメーター制度検討会

【 じせだいすまーとめーたーせいどけんとうかい 】

　2020年代には日本国内のスマートメーター設置がほぼ一巡し、取り換え時期に入ることから、次世代スマートメーターのあるべき要件を定めるため、2020年秋から資源エネルギー庁内に設置された制度検討会のこと。

　メーターデータの粒度（現行の30分からどこまで細かく計るか）、データ伝送

速度（現行1時間後より早めるか）、個々の電圧・無効電力の追加計量、災害時にかかわる機能等が検討されている。これは、再生可能エネ市場統合やDER【»第3章参照】の活用、レジリエンスの向上といった電力システム全体の課題解決にスマートメーターの機能向上が貢献できると考えられたためだが、2024年から設置が始まる次世代スマートメーター関連費用は2023年スタートする送配電レベニューキャップ制度の下でユーザー負担となるため、それぞれの機能の費用対効果について、今後詳細に検討・決定されることとなっている。

# エナジーハーベスティング
【 Energy Harvesting 】

　エナジーハーベスティングとは、環境発電とも呼ばれ、太陽光や照明光、機械の発する振動、熱など、これまで捨てられていたような小さなエネルギーを収穫（ハーベスティング）し、電力を得る技術。エネルギー源には、振動や光、熱、電磁波などがある。

# 蓄電池
【 Secondary Battery 】

　充電により電気を蓄えることができ、繰り返して使用できる電池（二次電池）で、鉛蓄電池、NAS（ナトリウム硫黄）電池、ニッケル水素電池、リチウムイオン電池、レドックスフロー電池などがある。太陽光や風力など発電量がコントロールできない分散型電源の欠点を補う技術として注目されており、従来の大規模集中電源からの一方的なエネルギー供給ではなく、VPP（仮想発電所）など分散型電源を活用したエネルギーマネジメントでの活用が期待されているほか、将来は全固体電池の登場による大幅な性能向上も期待されている。

# TPO（第三者所有）
## 【 TPO=Third Party Own 】

　TPO事業とは、第三者所有モデルとも呼ばれ、事業者が需要家の屋根を借り
て太陽光発電設備を設置し、需要家に電力を供給するオンサイト発電に似た事
業のこと。

　発電設備は事業者の所有となり、保守・管理などのメンテナンスも行う。建物
の所有者は発電した電力を利用できるが、使った分の電気代を事業者に支払う
ことになる。また、余剰電力は電力会社に売電され、売電収入は事業者が得る
ことになる。このビジネスモデルでは、住宅、工場などの建物所有者は初期投
資をせずに太陽光発電設備を利用でき、メンテナンスなどの必要もないという
メリットがある。

# グリッドパリティ
## 【 Grid Parity 】

　グリッドパリティとは、太陽光発電をはじめとする再生可能エネの発電コスト
が、既存の電力コストと同等であるか、それよりも安価になること。

　日本における太陽光発電コストは、2020年9月の調達価格等算定委員会の
目標値を見ると、2025年に事業用が7円／kWh、住宅用が卸電力取引市場の
価格水準と設定されている。また、ブルームバーグニューエナジーファイナンス
は2023年の事業用太陽光発電コストを9.8円／kWh（平均値）と見通している。

# コネクト＆マネージ
## 【 Connect & Manage 】

　現在の日本の制度では、再生可能エネなど新規の接続契約申込時に系統に
空き容量があれば容量確保できるが（ファーム接続）、空き容量がなければ系統
の増強が必要となる。これに対してコネクト＆マネージは、系統側に少しでも電
源を受け入れる余地があれば、一定の条件付きで発電設備の接続を認める制

度で（ノンファーム接続）、導入に向け詳細検討が進められている。

さらに2020年7月には梶山経済産業大臣から「再生可能エネルギーが送電線混雑時に既存の発電機によって抑制されない仕組みの検討」という方針が示されたことから、広域機関内に検討会が置かれ、再生可能エネ抑制防止のための再給電方式が提言されている。

今後、日本においては、再生可能エネの大量導入への対応と、高度経済成長期に建設された流通設備の更新が並行するという設備形成上の課題を抱えているため、既存系統を最大限活用していくことにより流通設備効率の向上および送電系統利用の円滑化などを図る必要がある。

# 自然変動電源（VRE）
【 VRE=Variable Renewable Energy 】

再生可能エネの中でも、自然条件によって出力が大きく変動する太陽光発電や風力発電のことで、これらは火力発電や水力発電などバックアップ電源による周波数の調整が必要となる。一方で、地熱発電、水力発電などは自然条件によらず安定的な運用が可能なものである。

# 卒FIT
【 そつふぃっと 】

卒FITとは、再生可能エネルギー固定価格買取制度（FIT）に基づく買取価格の保証期間が満了した電源のこと。

買取価格の保証期間は、住宅用の太陽光発電（10kW未満）が10年、事業用の太陽光発電（10kW以上）が20年、その他電源は15 年または20年となっている。買取価格の保証期間が満了した電源は、法律に基づく買取義務がなくなるものの、$CO_2$フリーの環境価値を持つ電源として活用できる。

なお、2009年11月から2012年6月まで施行された「太陽光発電の余剰電力買取制度」の適用を受けた設備が、2012年7月から買取期間など従来と同じ条件でFITに制度移行されているため、2019年11月以降に登場した余剰電力買

取制度の買取保証期間を満了した電源も卒FIT電源と呼ばれることがある。

## ポストFITとFIP
【 Post Feed in Tariff and Feed in Premium 】

2020年のFIT法改正で、電源特性に合わせて事業用の「競争電源」と家庭用や地域で使われる小規模な「地域活用電源」の二つに分けられることになった。

このうち事業用の太陽光や風力などの「競争電源」については市場価格に一定のプレミアムを支払い、再生可能エネ投資の事業性、持続可能性を担保する制度がとられることとなった（FIP＝フィード・イン・プレミアム）。

一方、家庭用及び小規模太陽光や小水力、バイオマスは「地域活用電源」であり、自家消費や地域消費、あるいは災害時の活用といった地域活用要件を設定してFIT制度を継続する。

## 非化石価値
【 ひかせきかち 】

取引可能な非化石価値としては現在、①FIT由来の非化石価値②非FIT由来の非化石価値③卒FIT由来の非化石価値—の3種に大別される。

「FIT・非化石価値」については、2018年5月から日本卸電力取引所（JEPX）で市場取引を開始した。販売収入はFIT賦課金低減に充てられている。「非FIT・非化石価値」は2020年4月の発電分以降を対象に、JEPXでシングルプライス・オークションの取引を行っている。対象電源は、国が認定した非FIT電源（原子力と再生可能エネルギー）である。「卒FIT・非化石価値」については、家庭用太陽光発電など所有者が消費者のケースが想定されるため、小売電気事業者やアグリゲーターによる相対取引となる。

今後、エネルギー供給構造高度化法の義務（2030年に小売電気事業者が調達する電気の非化石電源比率を44％以上）達成に向けては、非FITの非化石価値取引を行う「高度化義務達成市場」が整備される。一方、需要家が直接、非化石価値を調達できる「再エネ価値取引市場」も創設される予定で、ここではFIT

の非化石価値が取引される。

# 水素社会
【すいそしゃかい】

　水素は、水や多様な一次エネルギー源から様々な方法で製造することができる二次エネルギー源で、気体、液体などあらゆる形態で貯蔵・輸送が可能である。利用方法次第では高いエネルギー効率、低い環境負荷、非常時対応などの効果が期待されており、将来の二次エネルギーの中心的役割を担うことが期待されている。このような水素を本格的に利活用する社会を水素社会という。

　2017年12月の「第2回再生可能エネルギー・水素等閣僚会議」において、水素社会を実現するための「水素基本戦略」が決定された。同戦略では、2030年頃に商用規模のサプライチェーンを構築し、年間30万t程度の水素を調達することで、30円N/$m^3$*の実現を目指すとされている。

＊ N/$m^3$は空気量を示す単位

# $CO_2$フリー水素
【しーおーつーふりーすいそ】

　$CO_2$フリー水素とは、水素の製造時に二酸化炭素回収・貯留（CCS）技術を組み合わせ、または再生可能エネから水素を製造するといった方法などにより、製造時における温室効果ガス排出量の少ない水素のことを指す。前者をブルー水素、後者をグリーン水素と呼ぶ。経済産業省が2014年に取りまとめた「水素・燃料電池戦略ロードマップ」においては、2040年頃の$CO_2$フリー水素の本格利用が掲げられている。

　2020年10月の「2050カーボンニュートラル宣言」、同12月に公表されたグリーン成長戦略の中で、水素は目標達成のために必要なグリーンイノベーションの中心的な存在となっており、エネルギー、素材、製造業など多くの企業が水素のサプライチェーン構築・利用拡大に向けた実証やビジネス化への取り組みを進めている。

電力デジタル革命と電気事業制度 ①

# ビジネス展開の鍵を握る
# 電気事業制度

　第1章で述べたように、2020年現在、電気事業はデジタル技術と需要側の分散型エネルギー資源（DER）に関連する機器の普及や、それらを組み合わせたプラットフォームのビジネス化が可能か、という点に注目が集まっている。2018年以降、主要な電力会社・新電力は、毎週のように蓄電池や太陽光を使った新ビジネスの構想や新会社設立などを次々と打ち出し、ブロックチェーン実証も数多く行われた。また、再生可能エネルギー固定価格買取制度（FIT）の補助が終了した太陽光発電の電力の売買に関しては、小売電気事業者だけでなく金融系企業やIT関連企業の関心も高く、買い手側もRE100のような環境価値目標を掲げる企業が増えている。

　中でも家庭用を対象とした「多 対 多」の電力取引は、従来の電気事業では「少数 対 多」かつ一方向だった取引形態を大幅に変える可能性があり、「環境価値を持つ太陽光発電による電気でEVに充電する」、「10年分の電気消費が付いた家電の利用サービス」などのビジネスアイデアも登場している。

　しかしながら、太陽光や需要側機器を使った「多 対 多」の新ビジネスが今すぐ実施可能か、という検証が国内でなされているかは極めて疑問だ。典型的な課題が、電気事業の託送・同時同量制度、

現行の小売電気事業の規定である。

　例えば、現時点でFIT電源を買っている小売電気事業者が、卒FIT電気（余剰買取として逆潮流分のみを外部に持ち出せる環境価値のある電気）を計量し、託送経由により自身で小売契約のある工場や個人に販売することは、ビジネスとしては一応成立する。既に計量器は設置済みで、託送システムを通してデータの取得が可能であるからだ。

　もっとも、バランシンググループ（BG）としての規模が比較的小さい新電力が同じことを行おうとしても、

　　　①FIT顧客との買取契約がほとんどなく集客にコストがかかる

　　　②小売りでの活用になると同時同量の優遇措置（発電計画の
　　　　提出免除）が消え、インバランスリスクが極めて大きくなる

など途端にハードルが高くなる。2020年のFIT特別措置法の改正によってFIPが導入された分については、最初からこのハードルがかかることになる。

　2020年のFIT特別措置法改正、電気事業法改正によって電気事業はより多元的な分散型の姿に向けて一歩を踏み出したが、今後もこうした制度改革は矢継ぎ早に登場していくこととなろう。つまり、電力分野のイノベーションは制度の改革と並行して進めなければならない。また、エネルギービジネスにかかわる者も、その意味や中期的なビジネス像をしっかりとらえなければならないのである。

第2章

——

デジタル化の
世界と社会の変容

# introduction

　蒸気機関の登場で始まった第1次産業革命、電気エネルギーが現れ、重化学工業が発展した第2次産業革命、コンピューターや原子力エネルギーを活用し始めた第3次産業革命、これらの人類が経験した3度目までの産業革命は、約1世紀のサイクルで繰り返されてきた。

　しかし、4度目とされるデジタル産業革命は、過去のそれらとは趣を異にしている。そもそも3度目の産業革命からシームレスに継続しているにもかかわらず、あえて段階を変えて呼ぶにはそれなりの理由が必要であ

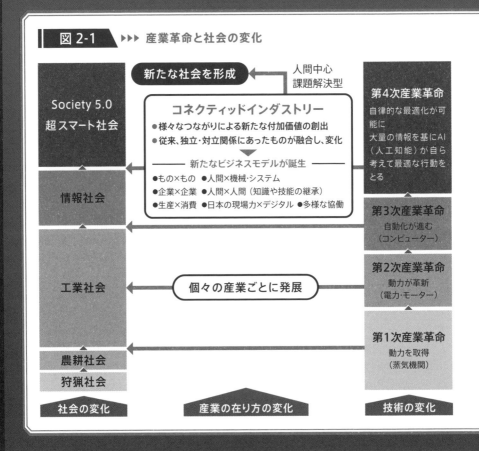

**図 2-1** ▶▶▶ 産業革命と社会の変化

るが、今のところはデジタル化が秘める焦土的な破壊力が喧伝されているだけである。

　この状況においてデジタル技術やこれらにより実現されるといわれている新しい社会システムの基本的な考え方を理解することは必要であるが、より重要なことはこれらが社会にどのような影響を及ぼすかについて、長期と短期の視点を常にパラレルで持ち、目の前で展開される事象に対応していくことである。

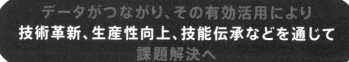

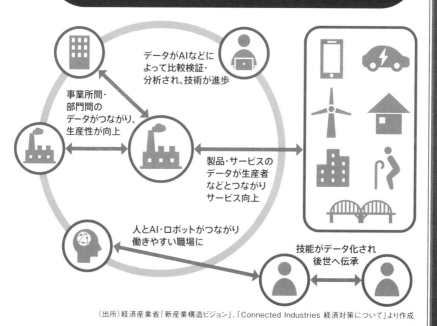

（出所）経済産業省「新産業構造ビジョン」、「Connected Industries 経済対策について」より作成

# デジタル化の意味

近年のデジタル技術の進化と産業への応用は、既存の価値を焦土化する破壊力を秘めている。米ハーバード・ビジネス・スクールのクレイトン・クリステンセン教授（当時）が**破壊的イノベーション**[»p.248]という概念を提唱した前世紀末、それは既存企業が中核を担う持続的イノベーションに対する例外としての扱いであった。しかし、今日のデジタル化は「破壊的イノベーション」が主流となるような勢いを見せている。

この潮流におけるキーワードは**エクスポネンシャル（指数関数的）**[»p.58]である。米マサチューセッツ工科大学（MIT）のエリック・ブリニョルフソン教授らの著書『**機械との競争**』[»p.59]ではエクスポネンシャルな破壊力を、チェス盤を用いて説明した。それは、64あるチェスの升目に米粒を1粒、2粒、4粒、8粒と倍々に積んでいったとき、最後の64升目の米粒の高さはエベレスト並みになり、その数は膨大になるというものであるが、チェス盤の残り半分に当たる指数関数的に大きな影響が現れるのは、まだこれからなのである。AI（人工知能）が人間の知能を超える**シンギュラリティ（技術的特異点）**[»p.62]がいつになるのか、その発生の有無も含めて議論は分かれるが、少なくとも社会を変容させる大きなインパクトがあることは確実である。

こうしたデジタル技術の急速な進化が推進力となり、世界中で**第4次産業革命**[»p.71]が進行中とされている。その中でも情報通信業や製造業などと並んでエネルギー・インフラへの影響がもっとも大きいと考えられている。

# デジタル化がもたらす社会の変容

　日本でも第4次産業革命に向けては既に様々な取り組みがなされている。政府がまとめた報告書『日本再興戦略2016』（内閣府）や『ロボット新戦略』（経済産業省）などで提唱されているキーワードには共通項がいくつもある。これらを総合すると、おもにIoT（モノのインターネット）、ビッグデータ、AI、ロボットなどが相互に融合して生まれる技術革新により新産業を創出し、従来では不可能と考えられていた社会的課題の解決を通して、同じく政府が提唱する**Society 5.0**[»p.71]などを実現することが最終的な目標になると考えられている。

　第4次産業革命で具体的に何が起こっているのか、どのようなことが可能になるかについては、例えば2017年5月に経済産業省がまとめた「新産業構造ビジョン」では**図2-2**のような説明がなされている。

　この種の議論における個別のキーワードについては何となく理解ができても、キーワード間の関係や、これらの融合により生み出される社会の変容、特にその全体像は想像が難しいと感じている人も多いのではないだろうか。現実にはこうした個別の技術革新は相互に密接に関連している。

　例えば、IoTにおける**センサーネットワーク（WSN）**[»p.68]や**ウェアラブルデバイス**[»p.66]がインターネットを介して収集する**ビッグデータ**[»p.122]を分析することにより、医療・介護などのヘルスケアビジネスにイノベーションを起こすというように、誰も思い付かなかった新たな価値を提供するビジネスモデル誕生の可能性が高ま

るのである。

　あるいは、AIとロボットの融合の観点では、人間の仕事を機械が奪う側面もあるため、ホワイトカラー・ブルーカラーの別なく単純作業を中心に消える仕事がでてくるであろう。この種の議論はネガティブな話になる傾向があるが、人間にしかできない仕事へシフトする必要性が高まり、労働市場の流動化を促すことになる。こうしたことへの個人レベルの備えは必要であるが、働き方改革の文脈と併せて考えると、これまでの苦役からの解放というポジティブな側面も見えてくる。

**図 2-2** ▶▶▶ **デジタル化による技術のブレークスルー**（いま起こっていること）

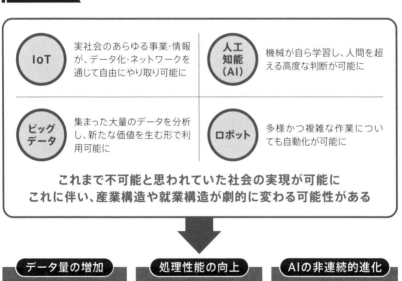

| IoT | 実社会のあらゆる事業・情報が、データ化・ネットワークを通じて自由にやり取り可能に |
| 人工知能（AI） | 機械が自ら学習し、人間を超える高度な判断が可能に |
| ビッグデータ | 集まった大量のデータを分析し、新たな価値を生む形で利用可能に |
| ロボット | 多様かつ複雑な作業についても自動化が可能に |

**これまで不可能と思われていた社会の実現が可能に**
**これに伴い、産業構造や就業構造が劇的に変わる可能性がある**

**データ量の増加**
世界のデータ量は**2年ごとに倍増**

**処理性能の向上**
ハードウェアの性能は**指数関数的に進化**

**AIの非連続的進化**
深層学習などによりAI技術が**非連続的に発展**

（出所）経済産業省「新産業構造ビジョン」

何れにしても様々なイノベーションが起きている背景には技術のブレークスルーがある。データは文字や数値だけではなく画像や音声も対象となる。こうした情報を取得するセンサーやデバイスなどのハードウェアと認識技術における**機械学習（ML）**[»p.60]などの発達によるソフトウェアの進化、さらには得られた大量データの高速処理を支えるコンピューター・インフラの劇的な能力向上が大きなトリガーとなっている。

## 未来予測の難しさ

視界の中にある技術やそれに基づく試行的なビジネスのみで、デジタル化がもたらす焦土的破壊の先にある姿を具体的に言い当てることは現実問題として難しい。

例えば、画像認識精度の向上とAIの進化によりインターネットの翻訳精度が飛躍的に向上している。この先はコンパクトなウェアラブルデバイスへと進化する兆しもあり、海外旅行はおろかビジネスレベルの必要性であっても語学学習は早晩不要になるかもしれない。実現すれば、語学学習に充てていた時間をプログラミングなどの他の学習に振り替えることができる。

あるいは、**電気自動車（EV）**[»p.170]の普及に向けた様々な制約（電池資源の供給限界や技術的課題の解決など）を誰もが克服できないまま時間が過ぎると、**仮想現実（VR）**[»p.63]や**拡張現実（AR）**[»p.63]など代替技術の進化に追い抜かれ、人の移動自体を無用化させかねない。

そもそも重いバッテリーとともに移動しようとする人間のエネルギー浪費こそが無駄であり、移動の用が消滅すれば倒錯した挑戦に時間を空費したと、2050年にはお笑いネタになっているかも知れない。この延長線上では、前述の海外旅行の習慣が人類にまだあるのかさえ疑問だ。

　このように考えていくと、新たな技術やビジネスモデル創出が今のように**GAFA**[»p.72]や**BAT**[»p.72]などに集中するのか、あるいはこれらを超える新興勢力が出現するのかを言い当てることも難問となる。近年、GAFAなどの巨大ITプラットフォーマーのウィナー・テイクス・オール（勝者総取り）のビジネスモデルが、米規制当局などから問題視されていることは象徴的だ。未来予測は本当に難しいのである。

## 電気事業へのインプリケーション

　雑誌『WIRED』の元編集長クリス・アンダーソンは2009年に上梓した著書『フリー』で、「ビット（デジタル）経済では95％をフリー（無料）にしてもビジネスが可能である」と説き、エネルギーコスト低下にも言及していたが、当時**フリーミアム**[»p.58]はエネルギー市場ではリアリティに欠けていた。しかし、『限界費用ゼロ社会』を著した未来学者ジェレミー・リフキンが予想するように、IoTプラットフォームと再生可能エネルギー電源の大量導入により、エネルギーでさえ限界費用がゼロに近づく近未来のデジタル経済の到来を誰もが否定できなくなりつつある。

**クラウドコンピューティング**[»p.64]は近年のデジタル化の立役者でもあるが、IoT時代の本命とされる**エッジコンピューティング**[»p.65]の技術が確立すると、こうした世界のリアリティは否応なく増してくる。さらには量子コンピューターが実現すれば計算処理能力の問題に悩まされることもなくなる。

　IoT×エネルギーの議論が始まって久しいが、こうしたITインフラの発展がセンシング技術やデータ処理の加速度的な進化のドライバーになると、資源配分の方法論やエネルギー利用の在り方が根本から変わる可能性は高い。現在のライフスタイルや、今見えている技術を前提に議論することの限界とその周辺に想像力を働かせる必要がある。「街灯の下で鍵を探す」*が持つ意味を、今一度よく考え抜く必要があるのだ。

---

＊この例えは、どこが本当に重要なのかが分かってはいても分析する方法論がないと、光の当たるところのみが研究対象になるという、学問研究の教訓である。一方、分析できるところから研究すべきであると真逆に捉える考え方もあり、ビジネスアイデアとして「自社の強みの周辺を探せ」という教訓を説いてもいる。

## エクスポネンシャル（指数関数的）
【Exponential（しすうかんすうてき）】

　もとが10であるものが比例関数的に3倍になると30であるが、指数関数的に3乗になると1000となることから、規模や数量の増加、コストの低下などが劇的に進むことを形容する言葉として用いられることが多い。デジタライゼーションによるテクノロジーの急速な進化は、利便性や生産性の向上を通して、金銭、時間、労働などの様々なコストを劇的に押し下げる。こうした現象が将来の社会に与える影響などについて、その破壊的な規模の大きさを暗示するメタファーとして用いられることが増えている。

## 限界費用ゼロ
【げんかいひようぜろ】

　限界費用とは、次の1単位を生産するための総費用の増加分を指す。経済学が仮定する完全競争市場では「価格＝限界費用」となるため、限界費用ゼロは価格もゼロとなることを意味している。IoTやプラットフォームが進化するデジタル経済社会では、同時に共有経済（シェアリングエコノミー）を進展させることとなる。このような所有よりも利用が中心となる経済社会は、限界費用をゼロに近づける動きをさらに加速させる。こうした環境の下では、企業が利潤最大化の生産量を「限界費用＝限界収益」で達成できるという法則が成り立たなくなる可能性が高い。

## フリーミアム
【Freemium】

　ベンチャー・キャピタリストのフレッド・ウィルソンが、フリー（無料）とプレミアム（割増）を組み合わせて提唱した造語。インターネット上のサービスにおいて、

例えば大半のユーザーには基本機能は無料で、より高度な機能を求める一部の
ユーザーには有料課金でサービスを提供するビジネスモデルが特徴。クリス・ア
ンダーソンは著書『フリー』の出版時、フリーミアム戦略によりウェブ上で2週間
限定の無料公開を実施した。

　これらはデジタル世界における価格差別と限界費用ゼロの議論であるが、価
格に対するユーザーの態度が十分に異なる場合にのみ有効で、さらに莫大な固
定費を無視している点で欠陥モデルとも指摘されている。経済学ではプラットフ
ォームのオープン化戦略に応用できるネットワーク効果を梃子にした二面市場
が議論されており、シェアリングエコノミーのビジネスモデルはこれがベースに
なっている。

## 機械との競争
【 きかいとのきょうそう 】

　米マサチューセッツ工科大学スローン・スクール・オブ・マネジメントのデジタ
ル・ビジネス・センターの研究者であるエリック・ブリニョルフソン教授と米ハー
バード・ビジネス・スクールのアンドリュー・マカフィー准教授が著した書物の題
名。デジタルテクノロジーの進化は全体の富を増加させてはいるものの、その
獲得は高度な知識層に集中し、単純労働を中心に雇用が奪われることから実質
世帯所得の中央値が下降している。こうした実証的な解説を基に、人間が機械
との競争に敗れるという本書は米国でベストセラーとなった。

## 量子コンピューター
【 Quantum Computer 】

　量子力学の基本的な性質である「重ね合わせ（状態ベクトルの線形結合）」と
「量子もつれ（エンタングルメント）」などに代表される量子力学的現象を用い、
並列性を実現させるコンピューターのこと。

　従来のコンピューター（古典コンピューター）における「論理ゲート」では、真
理値の「真」と「偽」、あるいは二進法の「0」と「1」を、電気および電子回路にお

いて、電流の方向や多少、電圧の正負や高低、位相の差異、パルスの時間の長短などで表現し、論理素子などで論理演算を行う。すなわち、情報は「0 か1」など何らかの2値で表し、いずれかの状態しか持ち得ない「ビット」で扱う。

　一方、量子コンピューターでは「量子ゲート」を用いて量子計算を行うものが主流であるが、情報は「量子ビット」（qubit）により、重ね合わせた状態により扱われる。n量子ビットがあれば、2のn乗の状態を同時に計算できる。仮にこの情報量を扱うハードウェアが実現した場合、この量子ビットを複数利用する量子コンピューターを用いると、古典コンピューターでは実現できない規模の並列コンピューティングが可能となる。

# BRMS（ルールエンジン）
【 Business Rule Management System 】

　BRMSは単に「ルールエンジン」とも呼ばれるが、これを用いると業務アプリケーションの業務ロジックからビジネスルール（システム上の業務を規定する条件やルール）を切り離すことで、開発者はBRMSにより業務アプリケーションから独立させてビジネスルールを登録・管理・実行できるようになる。

　また、BRMSはビジネスルールを実行する一連のプログラムを自動生成することができ、ビジネスルール間の整合性もチェックするため、作業が大幅に削減される。よって、組織内で方針、規程やマニュアルなどが頻繁に変更されても、それに伴うビジネスルールの変更に対応できる上にメンテナンスが容易であるため、堅牢な運用を実現するシステム構築が可能となる。ルールエンジンは1990年代のAI（人工知能）がベースにあるが、2000年代に登場したx86で動作する64bit OSとメモリの価格低下により実用化のめどがついた。

# 機械学習（ML）
【 ML＝Machine Learning 】

　機械学習は、AI（人工知能）の研究分野の一つ。人間が備える学習能力と同様の機能をコンピューター上で実現しようとする技術。大量のデータから反復的

に学習し、パターン認識した結果を新たなデータに適合させることで知的な判断を行う。従来は人によるプログラミングで実装していたアルゴリズムを、大量のデータから自動生成するため、様々な分野で応用されている。例えば手書きの文字や印刷された活字をパターンにより自動認識する技術である光学文字認識（OCR）は代表的な応用例である。

　機械学習のアルゴリズムは前世紀から数多く知られてきたが、いわゆるビッグデータに対する数値計算を超高速で自動的、反復的に行えるようになったのは近年のコンピューターの処理能力の劇的な向上の恩恵である。

## 深層学習（DL）
【 DL=Deep Learning 】

　ニューラルネットワークの層を深くしたディープ・ニューラルネットワークによる機械学習の発展手法。音声・画像認識に優れており、例えば何らかの小動物の写真をいくつも認識させると、まだ見たことがない同じ小動物の画像も同種のものであると認識できるようになることから、機械学習よりもさらに人間に近づいたAIであるといえる。

## 強化学習（RL）
【 RL=Reinforcement Learning 】

　機械学習のアルゴリズムの一種であるが、機械学習や深層学習と異なる点は、データセットを与えなくても周囲の環境の中で試行錯誤することにより、連続した一連の行動をどのように取るべきかを学習する。その結果、環境から受け取る「答え（報酬）」を長期的に最大化するように行動を決定する。囲碁のプロ棋士に勝利したAlphaGoにも強化学習が使われている。

# ニューラルネットワーク
## 【 Neural Network 】

　人間の脳神経細胞（ニューロン）の機能に見られる特性をコンピューター上のシミュレーションで表現することを目指した数学モデルであるが、神経科学との区別のため人工ニューラルネットワークとも呼ばれる。

　人工ニューラルネットワークは、人間のニューロンの動作を簡易化させた人工ニューロンで構成されているが、人間の脳とは異なり、データ伝達において層、接続、方向があらかじめ個別に定義され、それらに反する伝達はできない。一つ一つの人工ニューロンの仕組みはシンプルであるものの、組み合わせることで複雑な関数近似が可能となる。深層学習でも広く使われている。

# マルチモーダルAI
## 【 Multimodal AI 】

　異なる種類の入力データ（自然言語、画像、音声など）を複数組み合わせて特徴を読み取る深層学習の一種。人間に近いAI技術として近年注目を集めている。たとえば、設備の保全・保守業務において、センサー情報からの数値データと画像認識情報からの外観画像データを多面的（Multimodal）に分析することにより、予兆や異常検知をより正確に行うことができるようになる。

# シンギュラリティ
## 【 Singularity 】

　シンギュラリティは技術的特異点（Technological Singularity）とも呼ばれ、ある時点でAI（人工知能）が人間の知能を超えるという未来学上の概念のこと。

　人間より高い知能を持つAIが開発されると、AIがAIを自律的かつ再帰的に改良する段階に入り、指数関数的に高度化するAIにより、人間には予測不可能な未来に到達する可能性があると考えられている。この時期は、収穫加速の法則を提唱した米国の発明家レイモンド・カーツワイルの影響で2045年とする説

が一般的であるが、機械学習の指数関数的な普及により現実味を帯び始めていることから2045年問題とも呼ばれている。なお、物理的に制約のある実際の空間で実現される知能の思考速度は、どのような方法を用いても無限大になることはない。

## 仮想現実（VR）
【VR=Virtual Reality】

　仮想現実は、現実には存在しないか、存在していても見ることが困難な世界を、人工的な環境やサイバースペースで作り出し、それらを現実として知覚させるような錯覚や疑似体験を与える技術のこと。前方視界が見えない没入型のヘッドマウントディスプレイなどのヘッドギアやゴーグルなどが必要。

## 拡張現実（AR）
【AR=Augmented Reality】

　拡張現実は、現実環境に仮想現実の情報をオーバーレイ（コンピューターによる拡張で現実の一部を改変する）させる技術のこと。スマートフォン向けARプラットフォームの提供が始まっており、搭載デジタルカメラをブラウザーのように使用することで、ヘッドギアなどを必要としない手軽なARが普及の兆しを見せている。

## 複合現実（MR）
【MR=Mixed Reality】

　複合現実は、現実環境と仮想現実がリアルタイムに影響し合うことで関心領域を増幅、強調させる複合空間を構築する技術のこと。拡張現実とその逆の概念である拡張仮想（仮想現実に現実環境の情報をオーバーレイさせる）も包含することから、拡張現実の発展版ともいえる。

# 代替現実（SR）
【 SR=Substitutional Reality 】

　代替現実は、現実環境に過去映像を混同させて、過去の人物や事象が実時間実空間に存在しているかのように錯覚させる技術。ヘッドマウントディスプレイなどにより同じ場所で撮影した過去映像を部分的に代替させて表示する。現実環境と過去映像の区別ができないことで、実空間と過去空間または虚構空間の間を往来することができる。

# クラウドコンピューティング
【 Cloud Computing 】

　サーバーなどのコンピューターリソースを自らの施設内に設置・所有するオンプレミス（Onpremises）に対し、こうしたハードウェアを持たずにインターネットなどのネットワーク経由で提供されるコンピューティングサービスを利用する形態。単にクラウドと呼ばれることが多い。提供されるサービスにより以下の通り分類されるが、いずれもネットワーク経由で提供されることは共通である。

●SaaS（Software as a Service）：電子メール、グループウェア、CRM（顧客関係管理）などのソフトウェア・パッケージの提供。開発スキルがなくても使えるが、その半面自由度も低い。

●PaaS（Platform as a Service）：ユーザーが自らのアプリケーションを実行できるプラットフォームの提供。ネットワークやOSなどのプログラム開発に必要な環境が用意されているため、開発前の準備や開発後のメンテナンスにかかる手間やコストを削減できる。

●IaaS（Infrastructure as a Service）：仮想サーバー、共有ディスク、ファイアーウォールなどのインフラやハードウェアの提供。開発環境は最低限しか用意されないため、ユーザーがアプリケーションやプラットフォームを自由に開発できる半面、専門的な開発スキルが必要となる。

●DaaS（Desktop as a Service）：クラウド上に構築したVDIのデスクトップ

環境の提供。OS、アプリケーションやデータもネットワーク上のサーバーにあるため、ユーザー端末はモニターなどの画面表示とキーボードなどの操作に必要な機能のみでよい。

# エッジコンピューティング
## 【 Edge Computing 】

IoT（モノのインターネット）では各種機器から取得したデータについて、AIやソフトウェアでの分析を容易にするため、外部クラウドなどで1カ所に集約させるシステムが中心であった。しかし、クラウドとのデータ送受信には数十ミリ秒かかり、スピードに欠けることが弱点であった。例えば、ロボットはセンサーが得た情報を基に位置や速度、力を数ミリ秒単位で制御しているため、複数ロボットを効率的に稼働させるにはクラウド型では間に合わない。

一方で、ロボットや車などの情報を、それらの近くで処理するエッジ型ではデータ送受信が10分の1程度の数ミリ秒で行えることから、ロボットの動きに直結するデータは工場などのオフサイト内で処理し、生産状況などのデータはクラウドで管理するなど、クラウドとエッジを使い分けることが重要となる。

# ネットワーク仮想化
## 【 Network Virtualization 】

これまで物理的なハードウェアで構成されていた動的なネットワークリソースを、ソフトウェアの制御による仮想的なネットワークを提供すること。通信機器、情報機器などをケーブルや無線などで接続する物理的なLAN（Local Area Network）を仮想化したVLANはネットワーク仮想化の一例である。

クラウドコンピューティングの普及にともない、物理的なサーバーを自社で所有せず、クラウド上に仮想サーバーを設置するケースが増えている。仮想サーバーは、それを構成する仮想マシン（Virtual Machine=VM）が、クラウドサービス提供者の物理マシンのどこに自分のVMが存在するかを意識することなく利用できる。しかし、そのようなクラウド環境の実現には、同時にネットワークも

VPNなどにより仮想化する必要が出てくる。

# ウェアラブルデバイス
【 Wearable Device 】

　腕、首や頭部などの身体や服に装着して利用するデバイスの総称。脈拍や血圧などの生命活動や歩行などの生活行動のログを記録・管理するほか、スマートフォンへのメールや電話着信、各種アプリケーションの通知などのスマートフォン機能を一部肩代わりするなど、身につけることにより様々な便利機能を提供する。時計型やリストバンド型のように腕に装着するもの、メガネ型やヘッドマウントディスプレイ型のように頭部に装着するもの、ストラップ型やクリップ型のように首掛けや服に装着するものなど、様々な形態がある。

# パターン認識
【 ぱたーんにんしき 】

　近年の機械学習の発達や情報処理能力の向上などにより自然情報処理である文字認識、音声認識、画像認識などのパターン認識が大きな進歩を遂げている。

　文字認識は、光学文字認識（Optical Character Recognition：OCR）とも呼ばれ、その技術研究は100年以上の歴史を持つ。初期は事前に書体サンプルを読み込む必要がある特定書体の認識技術であったが、現代ではほとんどの書体を高い精度で認識することが可能となっている。郵便の宛名を読み取る郵便区分機などへの応用例は有名であるが、最近では翻訳技術にも活用されている。

　音声認識は、人間の声をコンピューターに認識させる技術のことで、文章への変換や話し手の識別などに利用されている。キーボードの代替として文字入力だけでなく、音声操作としてアプリケーション操作などにも応用されている。また、話者認識は個人認証などに応用されている。音声認識の技術研究も半世紀近くの歴史があり、文字認識ほどの精度向上は実現していないものの、最近のAIスピーカーブームで再び注目されている。

　画像認識は、静止画像や動画などから、文字や記号、人間の顔などのオブジ

ェクトや特徴を検出して認識する技術。スマートフォンのロック解除のほかアプリケーションにおける本人確認のための指紋認証やデジタルカメラによる顔認証など日常的に広く利用されている。

　深層学習の発達に伴い認識精度が飛躍的に向上した結果、人間の目を超えた認識性能を見せるものが現れている。こうした成果は、例えば翻訳精度の向上にも大きく貢献しているといわれている。

# 自然言語処理
【しぜんげんごしょり】

　人間が使っている自然言語をコンピューターに処理させる一連の技術やソフトウェアなどの総称であり、AIと言語学の研究分野でもある 。これら分野に属するものとしては、形態素解析、構文解析、照応解析などの基礎技術、自動要約生成、情報抽出、情報検索、検索エンジン、概念検索、機械翻訳、翻訳ソフト、固有表現抽出、自然言語生成、光学文字認識（OCR）、手書き文字認識、校正・スペルチェッカー、仮名漢字変換、質問応答システム、音声認識、音声合成などがある。

# 3Dプリンティング
【3D Printing】

　3D-CAD（3次元コンピューター支援設計）、3D-CG（3次元コンピューターグラフィックス）などのデータをもとに、3Dプリンター（立体印刷機）により3次元オブジェクトを造形すること。

　製品試作手法の一つであるラピッドプロトタイピングの積層造形法が用いられる。3Dプリンティングでは製品の3D-CADや3D-CGデータをスライスし、薄板を重ね合わせたものを製造の元データとして作成し、それに粉体、樹脂、鋼板、紙などの材料を2次元加工することを繰り返し造形積層して試作品を作成する。

# センサーネットワーク（WSN）

【 WSN=Wireless Sensor Network 】

設置された環境のデータ計測などができる複数のセンサー付きデバイスが無線により相互接続されたネットワークのこと。もともと戦闘地域の監視目的などで軍事用に開発された通信技術であるが、民生用途に転じた後は省エネルギー、健康管理、工業計装、交通状況、大気情報、農業栽培などをモニターすることなどに活用されている。センサーへの入力形式は接点、電流、電圧、ガス、温度、湿度、照度などの種類やアナログ、シリアルデータなどの形式を限定しない。IoTにおけるコア技術の一つでもある。

# デジタルマーケティング

【 Digital Marketing 】

従来のウェブマーケティングはウェブサイトの中での活動だったが、デジタルマーケティングでは、インターネット空間がベースにある点では共通であるものの、アプリケーションやポイント情報など、多様化したチャネル（流通経路）やデジタルで得られる大量データなどをフルに活用することから、対象となる範囲が圧倒的に広い点に特徴がある。チャネルの多様化や情報取得コストの低下がマーケティング競争を激化させていることから、消費者がデジタル空間に残す大量の痕跡データを適切に活用し、新たなマーケティングに結びつけるためのアナリティクスが複雑になっている。そのため、一連の業務を自動化するために開発されたマーケティングオートメーションと呼ばれるツールやレコメンデーションなどの仕組みも必要になる。

# 無線通信規格

【 Wireless Communication Standard 】

IoT時代には無線通信においても超高速大容量の通信技術が不可欠なインフラとなる。以下では移動体通信を含む代表的な無線通信規格を説明する。

LTE（Long Term Evolution）は移動通信システム（携帯電話）規格の一つ。文字通り第3世代移動通信システム（3G）の「長期的進化」により第4世代（4G）への移行をスムーズにする過渡期の規格として期待されていた。実際、LTEは似たような要素技術を持つWiMAX（Worldwide Interoperability for Microwave Access）とともに3.9Gと位置付けられていた。おおむね、下り75〜100Mbps程度の通信速度でサービスが提供されているが、LTEを4Gと称する通信事業者が世界的に増加したため、最近はLTEが4Gの代名詞となりつつある。なお、ITU（国際電気通信連合）の4G規格を厳密に満たすものはLTE-AdvancedとWiMAX2のみで、下り1Gbps程度の通信速度を実現させるものである。いずれにしても、スマートフォンなどのモバイルデバイスの爆発的普及を促し、新たな経済圏出現をこの世代の通信規格が担ったことに疑いはない。

　商用サービス提供が世界30カ国以上で既に始まっている5Gは、IoTやM2Mの普及に必要な次世代の通信インフラ技術として登場した。その通信速度は下り10Gbps以上であり、この超高速大容量通信の実現がモバイルでのエッジコンピューティング普及の鍵ともなるが、周波数帯の特性から基地局数が多くなりコスト高になることやモバイルデバイスの電池に大容量が必要となることなどもあり、急激な普及には懐疑的な見方もあった。しかし、総務省が2020年12月に公表した「ICTインフラ地域展開マスタープラン3.0」では、2023年度末時点での基地局整備数を開設計画の4倍となる28万局へ増加させるなど、普及を後

**図2-3** ▶▶▶ 5G基地局の整備数（2023年度末）

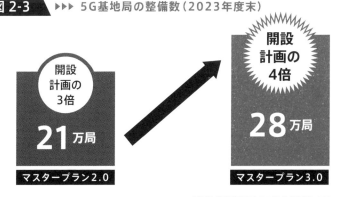

（出所）総務省「ICTインフラ地域展開マスタープラン3.0」

押しする早期全国展開が目指されている。

　さらには、実効速度が5Gの10倍となる100Gbps以上が見込まれている第6世代（6G）の研究も既に開始されており、2030年代での実用化が期待されている。

　Wi-Fiは、無線LAN（Local Area Network）の規格の一つで、国際標準規格であるIEEE 802.11を使用したデバイス間相互接続について、業界団体であるWi-Fi Allianceから認証を受けたことを示す名称である。その由来はWireless Fidelityなど諸説ある。なお、IEEE 802.11acや同adなどの規格ではGbpsの通信速度を実現している。

　LPWA（Low Power Wide Area）は、省電力・広域エリアの名前の通り、低消費電力で遠距離通信を可能にする無線通信技術。Wi-Fiの通信距離は数十〜100m程度であったが、LPWAではkm単位の通信距離が実現する。多くの規格が存在し、Wi-Fiのように免許が不要なものと、基地局設置に免許が必要なもの（多くはLTE ベース）とに分かれる。

　GSMA（GSM携帯通信事業者の業界団体）は、2022年までに14億台のデバイスがLPWAにつながり、2〜4Gまでの移動通信システムを凌いでIoTの先端技術になるとしている。

　一方、通信網や電力供給などのインフラ整備が未熟な新興国では、日本など数カ国を除いてほぼ世界標準として普及した第2世代の2G/GSMでIoTを進めるべきとの意見もある。

# Future of Work
【 フューチャー・オブ・ワーク 】

　米マサチューセッツ工科大学スローン・スクール・オブ・マネジメントのトーマス・マローン教授が2004年に著した同名の書『The Future of Work』は、インターネットに代表される情報技術革新が可能にした「個のエンパワーメント」というテーマにフォーカスされていた。

　しかし、ロボットやAIなどのデジタルテクノロジーが人間の働き方をどのように変えるのか、人間の働き場所がどこになるのか、そこで働くためのスキルとして何が必要かなどを考える上で、近年再びビジネスバズワードとして注目され

ている。日本でも働き方改革の議論におけるキーワードとして使われている。

# 第4次産業革命
【 だいよじさんぎょうかくめい 】

第1次産業革命（18世紀後半の蒸気・石炭を動力源とする軽工業の機械化）、第2次産業革命（19世紀後半の石油・電力を動力源とする重工業による大量生産・輸送・消費の実現）、第3次産業革命（20世紀後半の電子工学や情報技術を用いたオートメーション化）に続く、AI、ビッグデータ、IoT、ロボット、3Dプリンティングなどの新技術活用と、その融合がもたらす技術革新のこと。

第3次産業革命の延長線上ではなく、それとは根本的に異なるものとして、スイスの経済学者で世界経済フォーラム（WEF）創設者であるクラウス・シュワブが2016年開催のWEFで提唱した。

# Industry 4.0
【 インダストリー4.0 】

ドイツ政府が推進する製造業のデジタル化・コンピューター化を目指すコンセプト、国家的戦略プロジェクトである（ドイツ語ではIndustrie 4.0）。

2011年にドイツ工学アカデミーがドイツ連邦教育科学省の勧奨を受け、同年のハノーバー・メッセで発表した。IoTの普及についてトップダウンの国家プロジェクトとした世界初の事例。Industry 4.0は、IoT、AIやロボットを用いることによる製造業における革命という意味では「第4次産業革命」も含意するが、ドイツ政府の取り組みとしてのIndustry 4.0は、世界の中でも先陣を切ったものであり、対象や意味が異なる面がある。

# Society 5.0
【 ソサエティー5.0 】

第4次産業革命のイノベーションをあらゆる産業や社会生活に取り入れ、サイ

バー（仮想）空間とフィジカル（現実）空間を高度に融合させたシステムにより、経済発展と社会的課題の解決を両立させる人間中心の社会（Society）のこと。

2016年1月に策定された第5期科学技術基本計画において初めて提唱された政府の科学技術政策。狩猟社会（Society 1.0）、農耕社会（Society 2.0）、工業社会（Society 3.0）、情報社会（Society 4.0）に続く、日本が目指すべき未来社会の姿とされている。

# GAFA
【 ガーファ 】

米国の巨大IT企業であるGoogle（Alphabet）、Amazon、Facebook、Appleの4社のイニシャルを結合し、これら企業の総称を指す用語のこと。

これにMicrosoftを加えてThe Frightful Five（米ITビッグ5）と呼ぶこともあり、直訳すると「5恐」となるが、イニシャルを取ってFAAMG、FAMGA、GAFAM、GAFMAまたは単にビッグ5と呼ぶこともある。それぞれの企業の売上構成を見ると、ハードウェア製造販売、広告、eコマース、複合ITサービスなどのいずれかに強みを持つため業態は大きく異なるが、デジタル技術やデータなどを駆使し、独占・寡占の状態にまで成長した巨大企業という点で共通する。これら5社合計の株式時価総額は2020年4月に約5兆3000億ドルに達し、東証1部の合計時価総額を初めて超えた。

# BAT
【 バット 】

米国のGAFA同様に、中国の巨大IT企業であるBaidu（百度、バイドゥ）、Alibaba（阿里巴巴集団、アリババ）、Tencent（騰訊、テンセント）の3社のイニシャルを結合し、これら企業の総称を指す用語のこと。

これにHuawei（華為技術、ファーウェイ）を加えてBATH（バス）、あるいはXiaomi（小米科技、シャオミ）を加えてBATX（バトックス）と呼ぶこともある。

# ネットとリアルの融合

【 Integration of Internet and Real World 】

インターネットに代表される仮想（サイバー）空間と現実（リアル）空間の両方をまたいだ企業活動や顧客行動が活発化し、それらの間の境界が曖昧となった世界の姿のこと。

小売ビジネスにおいてはリアル店舗とネット店舗が単純に対立する構図が以前はあったが、顧客接点の拡大・強化のためのオムニチャネルと呼ばれるマーケティング戦略において、リアルとネットの両方を活用することが端的な例として挙げられる。

最近の巨大IT企業によるリアル侵食に関しては、電子商取引（EC）事業者が小売チェーンを買収した典型的事例をもって「アマゾンエフェクト」と呼ばれる社会現象として表出している。

## 図 2-4 ▶▶▶ デジタルプラットフォーム企業の事業領域拡大

| デジタルプラットフォーム企業 | | 簡易なメール(メッセージ) | 検索・ブラウザ | コンテンツ・メディア | ネットワーク経由のサービス(クラウド) | 電子商取引 | 決済 | 実店舗での小売り | IT化した住宅(スマートホーム) | 自動運転・ドローン |
|---|---|---|---|---|---|---|---|---|---|---|
| GAFA | **Google** グーグル | ○ | (事業起点)○ | ○ | ○ | ○ | ○ | ○ | ○ | ○ |
| | **Apple** アップル | (事業起点)パソコン | ○ | ○ | ○ | ○ | ○ | ○ | ○ | ○ |
| | **Facebook** フェイスブック | (事業起点)○ | | ○ | | ○ | ○ | | ○ | |
| | **amazon** アマゾン | | ○ | ○ | ○ | (事業起点)○ | ○ | ○ | ○ | ○ |
| BAT | **Alibaba** アリババ | ○ | ○ | ○ | ○ | (事業起点)○ | ○ | ○ | ○ | ○ |
| | **百度** バイドゥ | ○ | (事業起点)○ | ○ | ○ | ○ | ○ | ○ | ○ | ○ |
| | **騰訊** テンセント | (事業起点)ゲーム | ○ | ○ | ○ | ○ | ○ | ○ | ○ | ○ |

デジタル ← → リアルへの展開

（出所）電気新聞2020年6月1日付テクノロジー&トレンド（日本経済再生本部未来投資会議資料に加筆修正）

# 第3章

# 分散型エネルギー資源の増加とデジタル活用

# introduction

　デジタル技術の革新は、これまでユーザー側で使われるものであった蓄電池や電気自動車をはじめとする電気機器を資源へと変えるという、分散型エネルギー資源（DER）の活用に新たな可能性を拓いた。需給逼迫時に需要家の電気の使用を抑えて需給バランスを安定させるデマンドレスポンス（DR）は、2017年度から既に制度として調整力の仕組みの一つに組み込まれ、2018年1月には初めて実際に発動され、系統信頼度の維持に貢献した。また、デジタル技術を活用しDERの機能を集めることで発電機が持つ調整機能を代替するVPP（仮想発電所）の実証事業も2016〜2020年に行われた結果を踏まえ、再生可能エネルギー市場統合とリン

| 図 3-1 | | | ▶▶▶ 分散型リソースの種類と価値の提供先 | |
|---|---|---|---|---|
| | | 常時活用 | 逆潮流 | 対象リソース例 | 電源I′※1 |
| 系統直付け | 発電設備 | — | — | 小規模バイオマス発電 メガソーラー＋蓄電池 | ✕ |
| | 蓄電設備 | — | — | 蓄電設備、V2G、揚水発電 | ◎※2 |
| 需要家側エネルギーリソース | 発電設備 | 可 | 有 | 自家発 | ✕※3 ※4 |
| | | | 無 | 自家発（DR） | ◎ |
| | | 不可 | 有 | バックアップ用発電機 | ✕※4 |
| | | | 無 | バックアップ用発電機（DR） | ✕ |
| | 蓄電設備 | — | 有 | 蓄電池、V2H | ✕※4 |
| | | | 無 | 蓄電池、V2H（DR） | ◎ |
| | 負荷設備 | 可 | — | 生産設備（電解、電炉等） | ◎ |
| | | 可 | — | 共用設備（空調、蓄熱槽、電気給湯 等） | ◎ |
| | | 不可 | — | 一般的な生産ライン、空調、照明 | ◎ |

◎：現状での活用実績あり／十分に活用可能
◎：活用が期待されている　　✕：現時点では活用不可

《参考》落札実績　　約 **1.3**GW（2020年度向け）

クして各種市場に参入するアグリゲータービジネスとしての実装段階に入っている。

これらの技術の性能が飛躍的に向上し、プラットフォームやリソースのコストも大幅に低減されるとともに、参加するDERが増えて規模が大きくなっていけば、エネルギーシステムそのものに大きな革新をもたらすと考えられている。それを後ろ押しするために2020年の電気事業法改正ではDERを活用するアグリゲーターに新たなライセンスが設けられた他、電気計量制度の柔軟化[»p.208]等が決められた。また、DER活用と最先端IoT技術の産物とも言える自立グリッドや分散型グリッドに関連して、新しく配電事業ライセンス[»p.290]も設けられた。

※1：低圧は不可　※2：揚水のみ可　※3：単独リソースの逆潮流は可
※4：2022年度より逆潮流アグリ可　※5：FITは不可

| 容量市場 | 卸市場（スポット・時間前） | 需給調整市場（三次①②）※1 | 需給調整市場（二次①②・一次） | 《参考》導入実績 |
|---|---|---|---|---|
| ○※5 | ◎ | ○ | 今後検討 | |
| ○ | ◎ | ○※2 | | |
| ○ | ◎ | × | | コージェネレーション＋エネファーム 約13GW（現在） |
| ○ | ◎ | ○ | | |
| ○ | × | × | | |
| ○ | × | × | | |
| ○ | ◎ | × | | 家庭用蓄電池＋EV 約2GW（現在） |
| ○ | ◎ | ○ | | 生産プロセス＋空調 約0.2〜3GW（電中研調べ） |
| ○ | ◎ | ○ | | |
| ○ | ◎ | ○ | | |
| ○ | × | × | | |

量市場（発動指令電源）約4GW（2024年度向け）

（出所）経済産業省資源エネルギー庁

# 分散型エネルギー資源とは何か

　電力技術の発展は、19世紀後半に産声をあげて以降、100年以上にわたって基本的に規模の経済と強固なネットワーク構築による集権型制御システムを中心とした技術進歩の歴史と理解できる。発電所の大型化、送電線ネットワークの大規模化や多重化、配電線の自動化などはその延長線上にある成果であり、世界各地で進んだ電力技術の革新もこの範ちゅうに含まれる。

　しかしながら21世紀に入り、新しい要素技術や情報通信技術の登場によって従来の技術進歩とは一線を画す仕組みが現れた。小規模分散型発電、再生可能エネルギー発電、蓄電池や蓄電池搭載の自動車、電力需要のピークカットを電力供給システムに組み込む**デマンドレスポンス（DR）**[»p.87]などが該当する。これらは、従来の電力技術が集権型システムを前提とした供給側から需要側への一方向の流れであったのに対して、電気の需要側（ユーザー側）に置かれる場合が多く（厳密には再生可能エネ発電や蓄電池は供給サイドに設置することも可能である）、双方向でシステムが構成されている。需要側でこれらの技術を電力システムの運用（供給信頼度維持）や経済性向上（経済メリット獲得）に活用する場合、需要側に設置される機器・システムや能力（DRの削減電力など）を分散型エネルギー資源（DER ＝ Distributed Energy Resources）と呼び、このうち系統に直接連系されていない設備を含む概念として需要側資源（DSR ＝ Demand Side Resources）も使われる。

　需要側にあるエネルギー資源の活用にあたっては、先進の情報通信

やデータ利用といったデジタル技術の利用が欠かせないため、DER自体を電力デジタル技術の一つとして捉えることもできる。そうしたDERの活用を、日本のエネルギー政策では**エネルギー・リソース・アグリゲーション・ビジネス（ERAB）** 【»p.86】と呼ぶ。

　2016年には資源エネルギー庁省エネルギー・新エネルギー部を事務局としてエネルギー・リソース・アグリゲーション・ビジネス検討会（ERAB検討会）が設置され、重点政策として制度整備に向けた検討や**VPP（仮想発電所）** 【»p.88】実証事業などが進められている。また同検討会では、機器や制御システム間でデータを安全にやり取りする情報セキュリティも中心的な論題となっており、制度とデジタル技術が一体のものとして検討されている。

## 分散型エネルギー資源のポテンシャル

　DERの多くは、現状では十分な経済性（コスト）や動作性（確実性）を持たないものの、将来的には普及の拡大でコストが大幅に下がり、運用の確実性・効率性も向上していくものと期待されている。日本では、家庭用太陽光発電をはじめとする再生可能エネは、依然としてコスト高であるものの、海外に目を向けると一部の地域では既存の発電技術に対してコスト競争力を備え始め、ガスコージェネレーションシステムのような小型の自家発電も経済性が向上しつつある。

　蓄電池技術は今世紀に入り、リチウムイオン電池に代表されるように材料の開発と量産効果で一定のコスト低下が進んできた。しかし、

国内においては、電力システムの中で同じ調整力の役割を果たす揚水発電（巨大な貯水池を上下に作り、水の位置エネルギーを使って必要な時に水力発電する）に比べるとコスト高である。またDERによる調整力調達への参加や需給調整市場への入札も、十分な経済性を持つためには資源の低コスト化などが必要といえる。

DERの活用においては、そのポテンシャルの大きさとともに、実現への不確実性もあることを踏まえておく必要がある。一方でデジタル技術は日々進化を遂げており、技術革新の成果を電力分野へ着実に取り込む視点を持ち続けておく必要がある。

# DERを集めて安定供給に活用するVPP

DERは、普及の過程で再生可能エネの売電や購入する電気の削減、コージェネレーションのような分散型発電を活用した電気料金（特に基本料金）の削減など、個別の電力ユーザーが経済メリットを享受する形で拡大してきた。それに対してVPPは、アグリゲーターと呼ばれる仲介者を介して複数のDERを集め、あたかも一つの発電所と同じような機能を提供することで、参画ユーザー全体に経済メリットをもたらすというコンセプトである。アグリゲーターは電気の供給量が不足すれば、参画ユーザーが所有する電気機器の使用を抑制したり、逆に電気が余れば電気機器を動かして電気を消費したり、蓄電池に電気を貯めたりする。これらはアグリゲーターからの指令で行われる。

このような機能を持つVPPは、太陽光発電などを出力抑制せずに

使い切るための仕組みとしても有効である。太陽光や風力発電などの**自然変動電源（VRE）**[»p.43]の拡大は、出力の変動が大きく安定供給の大きな障害となり得るが、余剰電力を時間帯によって機器側に吸い込んだり、逆に系統側に出力する使い方が可能であれば、送配電事業者の指令に従って調整力として使うこともできる（ただし、その動作速度は揚水発電所と比べると低速である）。2016年度から2020年にかけ実施されたVPPの実証事業には、関西電力、東京電力系各社、新電力、DER関連企業が数多く参加した。

**図 3-2** ▶▶▶ VPPのイメージ

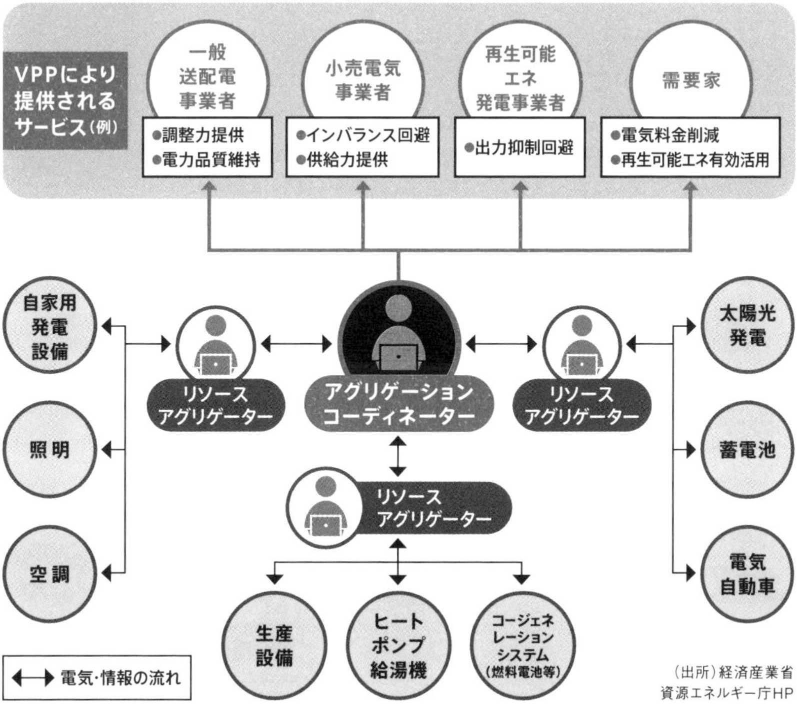


（出所）経済産業省資源エネルギー庁HP

# DRの電力システム運用での活用

　DRは、電力の需給バランスが厳しい時間帯に電気の利用を削減し、電力の安定供給に貢献させる仕組みであり、DERを電力システムの運用に活用する仕組みとして日本をはじめ世界各地で実施されている。

　日本では、2014年からDRのための制度づくりが進められた。DRには大きく2つのやり方があり、一つは時間帯を決めた電力量（kWh）の取引、もう一つは送配電事業者による調整力調達で扱われる容量（kW）の取引である。

　これらの取引を実現するためにはいくつかの制度の整備が必要となる。具体的には、

　①削減した電気をどう測定するのか（ベースラインの策定）

　②どのような形で通常の電気と合わせて市場で取引するのか（同時

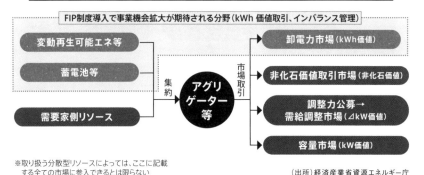

**図 3-3** ▶▶▶ アグリゲーターのビジネスモデル

**アグリゲーターに関連する分散電源、市場等（イメージ）**

FIP制度導入で事業機会拡大が期待される分野（kWh 価値取引、インバランス管理）

変動再生可能エネ等

蓄電池等

需要家側リソース

集約 → アグリゲーター等 → 市場取引

卸電力市場（kWh価値）

非化石価値取引市場（非化石価値）

調整力公募→需給調整市場（⊿kW価値）

容量市場（kW価値）

※取り扱う分散型リソースによっては、ここに記載
　する全ての市場に参入できるとは限らない

（出所）経済産業省資源エネルギー庁

同量制度との整合)

　③参加するユーザー（産業用・業務用・家庭用）をどのように集める
　　のか(ユーザーへの周知・PR)

といったことである。

　2015年にはそれらを規定したネガワット取引に関するガイドライン(現エネルギー・リソース・アグリゲーション・ビジネスに関するガイドライン)が制定された。2017年度からは、送配電事業者が電力システム運用のために開始した**調整力公募**【»p.94】の中でDRの応札・契約が可能となり、全国で500万kW以上の契約が成立している。2018年には、電力各社の管内でDRによる調整が実際に発動され、以降夏期昼間のピーク時間だけでなく、太陽光発電の発電量が急減する日没

**図 3-4** ▶▶▶ アグリゲーションビジネスに関連する制度整備の今後のスケジュール

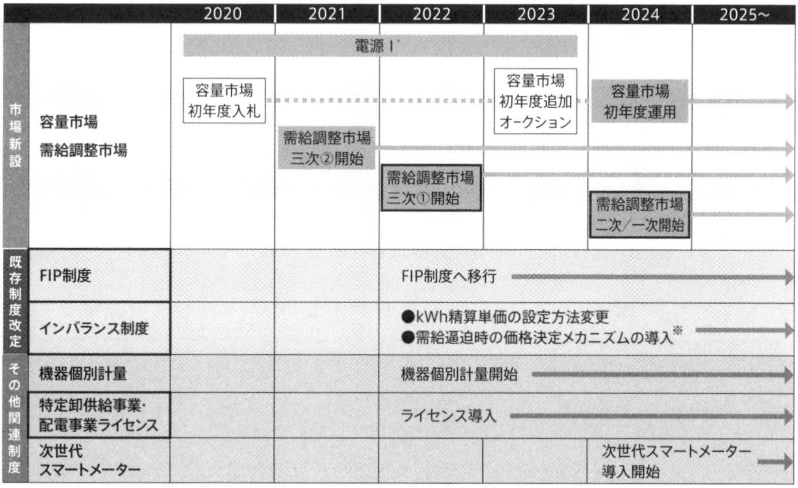

| | | 2020 | 2021 | 2022 | 2023 | 2024 | 2025~ |
|---|---|---|---|---|---|---|---|
| 市場新設 | 容量市場 需給調整市場 | 容量市場 初年度入札 | 需給調整市場 三次②開始 | 電源Ⅰ′<br>需給調整市場 三次①開始 | 容量市場 初年度追加 オークション | 容量市場 初年度運用<br>需給調整市場 二次／一次開始 | |
| 既存制度改定 | FIP制度 | | | FIP制度へ移行 | | | |
| | インバランス制度 | | | ●kWh精算単価の設定方法変更<br>●需給逼迫時の価格決定メカニズムの導入※ | | | |
| その他関連制度 | 機器個別計量 | | | 機器個別計量開始 | | | |
| | 特定卸供給事業・配電事業ライセンス | | | ライセンス導入 | | | |
| | 次世代スマートメーター | | | | | 次世代スマートメーター 導入開始 | |

※2023年度までは需給逼迫時のインバランス料金の上限は200円／kWhという暫定措置を導入予定。2024年度から暫定措置の撤廃（上限600円／kWh）の予定

（出所）経済産業省資源エネルギー庁

時間帯も含め広く使われているほか、2021年初頭の電力需給逼迫でも多く発動された。

2021年現在、アグリゲーターのビジネスモデルはDERのマルチユースを基本とするものと考えられており、kWh市場(時間前市場でのタイムシフトによる最適化)、⊿kW(需給調整市場への入札)、非化石価値取引市場(太陽光発電等の再生可能エネ価値提供)、容量市場(従来の電源Ⅰ′)といったものが考えられている**(図3-3)**。今後、需給調整市場の拡張、時間前取引を拡大させるFIP制度への移行とインバランス制度の改革によって徐々にアグリゲーターにとってのビジネス環境が整っていく見通しである**(図3-4)**。

# 分散化が進んだ未来のネットワークのあり方

2018年から資源エネルギー庁で開催された「次世代技術を活用した新たな電力プラットフォームの在り方研究会(プラットフォーム研)」では、現在よりもデジタル化、分散化が大幅に進んだ電力ネットワークの姿を前提に必要な政策の方向性が検討され、結果として送配電ネットワークの強靭化や次世代化に資するレベニューキャップ料金制度への移行、アグリゲーターライセンスや配電事業ライセンスの新設、電力データの広範な活用等が打ち出された。さらにその後、2020年のポストFIT下での再生可能エネ大量導入に向けて、電源側である再生可能エネ導入促進における課題と需要側の課題であるDER活用やアグリゲーターの育成は政策パッケージとして強く連携しつつある**(図3-5)**。

現在、電力広域的運営推進機関、電気事業者側それぞれ送配電ネットワークのマスタープランを作成中だが、今後の分散化・デジタル化の下では、伝統的な上位電圧から需要側への送配電機能と、需要側を起点とした機能の両方を活用しつつ、次世代技術を取り入れた電力ネットワークによって再生可能エネ・脱炭素を推進していくことが基本条件になると考えられる。

**図 3-5** ▶▶▶ **再生可能エネの市場統合に向けた市場環境整備（全体像）**

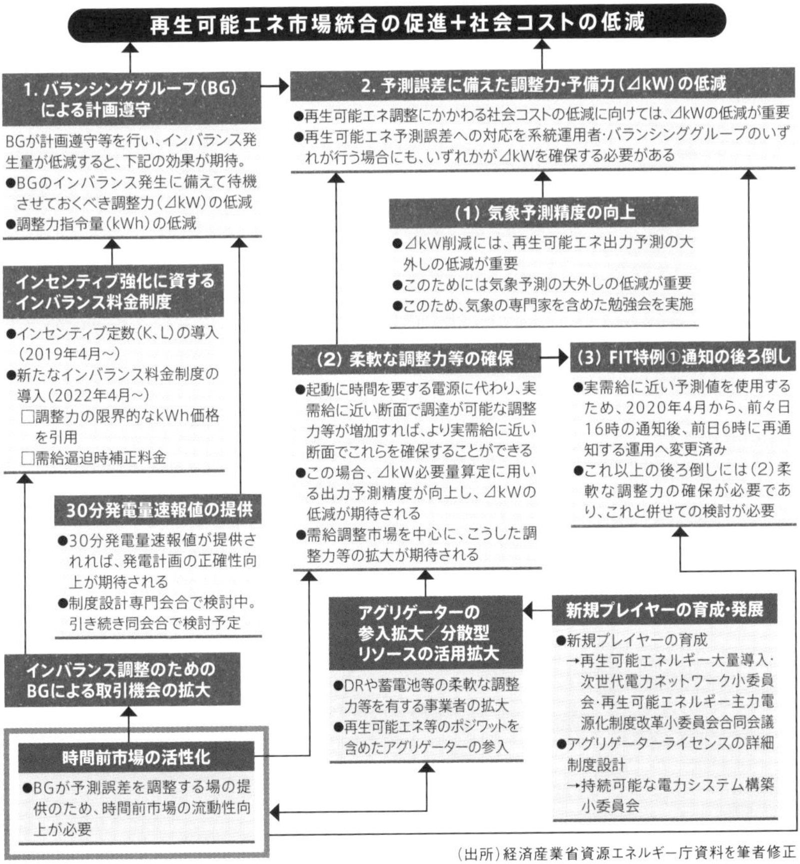

### 再生可能エネ市場統合の促進＋社会コストの低減

#### 1. バランシンググループ（BG）による計画遵守

BGが計画遵守等を行い、インバランス発生量が低減すると、下記の効果が期待。
● BGのインバランス発生に備えて待機させておくべき調整力（⊿kW）の低減
● 調整力指令量（kWh）の低減

#### 2. 予測誤差に備えた調整力・予備力（⊿kW）の低減

● 再生可能エネ調整にかかわる社会コストの低減に向けては、⊿kWの低減が重要
● 再生可能エネ予測誤差への対応を系統運用者・バランシンググループのいずれが行う場合にも、いずれかが⊿kWを確保する必要がある

##### インセンティブ強化に資するインバランス料金制度

● インセンティブ定数（K、L）の導入（2019年4月〜）
● 新たなインバランス料金制度の導入（2022年4月〜）
　□ 調整力の限界的なkWh価格を引用
　□ 需給逼迫時補正料金

##### （1）気象予測精度の向上

● ⊿kW削減には、再生可能エネ出力予測の大外しの低減が重要
● このためには気象予測の大外しの低減が重要
● このため、気象の専門家を含めた勉強会を実施

##### （2）柔軟な調整力等の確保

● 起動に時間を要する電源に代わり、実需給に近い断面で調整可能な調整力等が増加すれば、より実需給に近い断面でこれらを確保することができる
● この場合、⊿kW必要量算定に用いる出力予測精度が向上し、⊿kWの低減が期待される
● 需給調整市場を中心に、こうした調整力等の拡大が期待される

##### （3）FIT特例①通知の後ろ倒し

● 実需給に近い予測値を使用するため、2020年4月から、前々日16時の通知後、前日6時に再通知する運用へ変更済み
● これ以上の後ろ倒しには（2）柔軟な調整力の確保が必要であり、これと併せての検討が必要

##### 30分発電量速報値の提供

● 30分発電量速報値が提供されれば、発電計画の正確性向上が期待される
● 制度設計専門会合で検討中。引き続き同会合で検討予定

##### インバランス調整のためのBGによる取引機会の拡大

##### アグリゲーターの参入拡大／分散型リソースの活用拡大

● DRや蓄電池等の柔軟な調整力等を有する事業者の拡大
● 再生可能エネ等のポジワットを含めたアグリゲーターの参入

##### 新規プレイヤーの育成・発展

● 新規プレイヤーの育成
　→再生可能エネルギー大量導入・次世代電力ネットワーク小委員会・再生可能エネルギー主力電源化制度改革小委員会合同会議
● アグリゲーターライセンスの詳細制度設計
　→持続可能な電力システム構築小委員会

##### 時間前市場の活性化

● BGが予測誤差を調整する場の提供のため、時間前市場の流動性向上が必要

（出所）経済産業省資源エネルギー庁資料を筆者修正

## エネルギー・リソース・アグリゲーション・ビジネス（ERAB）

【ERAB=Energy Resource Aggregation Businesses】

　日本での分散型エネルギー資源（DER）を活用したビジネスの総称。仮想発電所（VPP）やデマンドレスポンス（DR）を活用し、調整力、インバランス回避、電力料金削減、発電設備の出力抑制回避などに利用することが考えられている。これら新しいビジネスの全体方針、ガイドラインの策定などの制度設計は、2016年に経済産業省資源エネルギー庁に設置されたエネルギー・リソース・アグリゲーション・ビジネス（ERAB）検討会で議論が進められている。また、産学連携の組織として設立されたエネルギー・リソース・アグリゲーション・ビジネス（ERAB）フォーラムは、関係する事業者などが参画し、情報共有や異業種連携の場となっているほか、事業者の意見を集約し発信することで制度設計を担当するERAB検討会との橋渡し役も担っている。

### 図 3-6　▶▶▶ エネルギー・リソース・アグリゲーション・ビジネスの概要

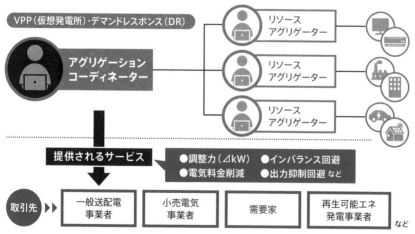

（出所）経済産業省資源エネルギー庁

# デマンドレスポンス（DR）
【 DR=Demand Response 】

　従来の電力システムは需要に合わせて電気を供給する一方向の流れだったが、デマンドレスポンスは需要（消費者）側で電気の使用状況を変化させ、需給調整に活用する取り組み。需要家は電気の使用量を電気料金やインセンティブに応じて調整し、経済価値（支払の削減、対価の稼得）を得る。経済産業省ではディマンドレスポンスやネガワットという言葉も併用されており、DRと略称で使われる場合も多い。

　米国の連邦エネルギー規制委員会（FERC）は、DRを特定時間帯の価格付けに反応する電気料金型DRと、事前の契約に基づきシグナルに応じて削減するインセンティブ型DRに大別している。

　インセンティブに応じて電気の使用量を削減することを下げDR、使用を増やすことを上げDRという。また、周波数調整のために電気の使用量を増やしたり下げたりすることを上げ下げDRと呼ぶ。例えば、下げDRではピーク時に電気の使用を抑制するなどして需給バランスの維持に貢献する。また、上げDRでは再生可能エネの需給バランス上の過剰分により電気機器を動かしたり、蓄電池に充電することなどで吸収する。

## 図 3-7　▶▶▶ デマンドレスポンス（DR）による需要制御のイメージ

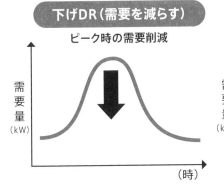

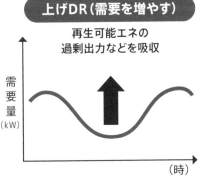

（出所）筆者作成

# VPP（仮想発電所）

【 かそうはつでんしょ（VPP＝Virtual Power Plant）】

　分散型エネルギー資源を集めて、仮想的に発電所のように動かして電気の需給調整に活用すること。

　2016年からの5年間、経済産業省が実証事業を開始し、電気事業者も参加している。VPPに活用されている設備（エネルギーリソース）には蓄電池、電気自動車、空調機器、家庭用ヒートポンプ給湯機（エコキュート）、各種蓄熱システムなどがある。VPPには各エネルギーリソースに信号を出して作動させるプラットフォームが必要であり、信号の標準化や情報セキュリティ対策についてはERAB検討会で検討されている。

# 電気料金型DR

【 でんきりょうきんがたでぃーあーる 】

　小売電気事業者が特定の時間帯の従量料金単価を高く設定するなど、電気料金によって電気の需要量をコントロールするデマンドレスポンスのこと。

　日本では電力会社が1980年代から持っていた需給調整契約が該当し、また、東日本大震災後に横浜市・愛知県豊田市・関西文化学術研究都市（けいはんな学研都市）・北九州市で実施された、いわゆる「4地域実証」におけるDR実証事業などが電気料金型DRにあたる。比較的簡便であり、大多数に適用可能である一方、時々の需要家の反応によるため、効果が不確実との指摘がある。

# インセンティブ型DR

【 いんせんてぃぶがたでぃーあーる 】

　事前の契約に基づき、送配電事業者や小売電気事業者からの指示に基づいて需要家側の電気の使用量を調整するデマンドレスポンスのこと。米国ではカーテイルメント（Curtailment）と呼ばれることも多いことから、DRのアグリゲーターのことをCSP（Curtailment Service Provider）という。

**図3-8** ▶▶▶ インセンティブ型デマンドレスポンス（DR）の類型

| 類型 | 目的・用途 |
|---|---|
| **類型1** | 小売電気事業者の計画値同時同量の達成 |
| **類型1①** | 小売電気事業者が自社の需要家から需要抑制量を調達（アグリゲーターを介するケースあり） |
| **類型1②** | 他の小売電気事業者の需要家から需要抑制量を調達（アグリゲーターを介するケースあり） |
| **類型2** | 一般送配電事業者の調整力として活用 |
| **類型3** | 容量市場で取引されるもの |

（出所）経済産業省資源エネルギー庁資料をもとに筆者作成

　日本においては、インセンティブ型DRを制度上、大きく3つの類型に区分している**（図3-8）**。削減した電力を電力量としてアグリゲーターや小売電気事業者間取引、あるいは取引所取引を行うものを類型1、削減電力の容量を調整力として系統運用者（送配電事業者）との間で取引するものを類型2、容量市場において取引されるものを類型3と呼んでいる。

　米PJMをはじめとするパワープールシステムの下では、通常このインセンティブ型DRが容量市場に入札され、それがアグリゲーターや電力ユーザーのDRにかかわる主な収入源となっている。

# ERABガイドライン
【 Energy Resource Aggregation Business Guideline 】

　「エネルギー・リソース・アグリゲーション・ビジネスに関するガイドライン」のこと。日本におけるDRやVPPなど、分散型エネルギー資源を活用して取引を行う際の基本ルールを定めている。DRの要請がなかった場合に想定される電力需要量（ベースライン）やリソースアグリゲーターと小売電気事業者の関係、電気の削減量や使用増加量の測定方法、ネガワット調整金などについて具体的に示している。当初は「ネガワット取引に関するガイドライン」と呼ばれていた。

# ベースライン
## 【 Base Line 】

　DRの削減量のもととなる需要、すなわち「DRがなければ当該時間帯にどれだけの使用電力があったのか」をベースラインと呼び、ガイドラインではDRの反応時間や持続時間に応じた標準ベースラインと代替ベースラインが定められている。

●標準ベースライン：DRにかかわる契約の基本的なベースラインとして定められるもの。反応時間や持続時間が短いDRについては事前事後計測が、長いDRについては直前稼働日5日間のうち需要の大きい4日間の平均を当日の需要で補正したもの（High 4 of 5当日補正あり）が、それぞれ標準ベースラインとして用いられている。

●代替ベースライン：DRにかかわる契約で、標準ベースラインと実績需要との間の統計的誤差が大きい場合や、より小さいベースライン算出方法がある場合に採用できるベースラインのこと。High 4 of 5 の当日補正のないものや、同じような前提条件の需要の日をベースラインとする同等日採用法、当日の発動4時間前から1時間前までの平均をとる事前計測などがある。

# アグリゲーター
## 【 Aggregator 】

　アグリゲーターは、「集めること」を意味するアグリゲーションからきている言葉で、多数の案件を一括して扱うことにより規模を大きくした上で、取引相手にサービスを提供する一種の仲介業者。ERABでは、需要家側にある分散型エネルギー資源（DER）をインセンティブを付与する条件で制御し、デマンドレスポンスやVPPで得た電気を集めて小売電気事業者や送配電事業者などに提供する。

　下げDR（調整力の電源I'）のアグリゲーターの場合は、類型1のケースでは小売電気事業者で分担して同時同量義務を負うほか、類型2については調整力公募（調達）に入札し、送配電事業者と調整力契約を交わす。

VPPの場合は、アグリゲーターは役割によってリソースアグリゲーターとアグリゲーションコーディネーターに分けられる。リソースアグリゲーターは需要家と直接契約している事業者のことで、需要家のDERの制御も行う。アグリゲーションコーディネーターは、リソースアグリゲーターが集めた電力量をさらに束ねて送配電事業者や小売電気事業者と電力取引を行うVPPプラットフォーム事業者のことである。

# アグリゲーターライセンス
【 Aggregator License 】

2020年の電気事業法改正で新たに設けられた電気事業類型。これまでDERを活用し調整力公募（電源I′）やVPP実証に参加してきたノウハウを活かして需給調整市場に参加するプレーヤーがこのライセンスを取得する。事業者によっては小売事業・みなし小売事業・発電事業と同じライセンスを持つこともできる。電気事業制度的には特定卸供給事業と規定され、発電計画が義務付けられるとともに、卸電力取引市場への参加が可能となる。

加えて、今後の再生可能エネ大量導入と市場統合を見越し、再生可能エネ変動のバランシングや市場取引の参加者としても活躍が期待されている。

# ネガワット調整金
【 ねがわっとちょうせいきん 】

下げDR（ネガワット）で得た電力量（kWh）が卸電力市場で売買可能となったことを受け、DRの実施によって小売収入の一部を失うことになる小売電気事業者とアグリゲーターの間で取り決められる調整金のこと。

DRの実施にあたってはアグリゲーターからの要請で需要家が電気の使用を抑制するが、需要家と供給契約を結ぶ小売事業者は事前に調達していた電気の販売機会を失い、その費用を回収できないことになる。そのため、アグリゲーターが小売電気事業者に損失分を補てんする。金額などは事前に小売電気事業者とアグリゲーターが協議して取り決める。ERABガイドラインでは金額の計

算方法として、実際の小売価格から託送費用を引いたもの、同じく電力取引市場価格を参照したものなどを例示している。

**図 3-9** ▶▶▶ ネガワット調整金のしくみ

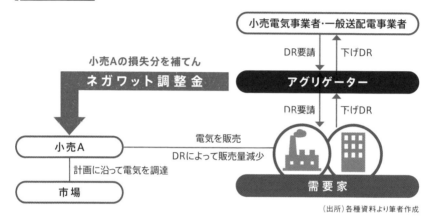

（出所）各種資料より筆者作成

---

### KEY WORD

# エネルギービジョン改革（REV）
【えねるぎーびじょんかいかく（REV=Reforming the Energy Vision）】

　米ニューヨーク州で行われている分散型エネルギー資源を活用したエネルギー利用効率化・プラットフォーム事業の総称。ニューヨーク州は2030年の再生可能エネ比率を50%に、$CO_2$排出削減量については90年比40%減という目標を掲げており、電気事業者と省エネルギー事業者が連携して取り組む省エネ事業への補助プログラム。電気事業者が構築したプラットフォームを活用したピーク時間帯の発電所・変電所の機能代替を推進している。

---

### KEY WORD

# ダックカーブ
【Duck Curve】

　再生可能エネ、特に太陽光発電の大量普及によって昼間ピーク時間の負荷曲線が落ち込む一方で、年間の特定の時期に点灯ピーク（夕方の太陽光発電停止

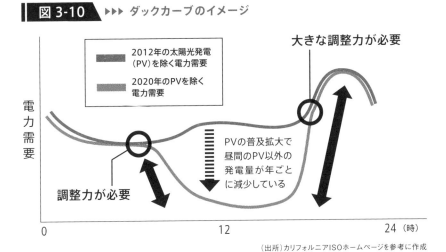

**図 3-10** ▶▶▶ ダックカーブのイメージ

大きな調整力が必要

凡例:
- 2012年の太陽光発電（PV）を除く電力需要
- 2020年のPVを除く電力需要

電力需要

PVの普及拡大で昼間のPV以外の発電量が年ごとに減少している

調整力が必要

0　　　　　　　　12　　　　　　　　24　（時）

（出所）カリフォルニアISOホームページを参考に作成

と需要増加時間帯が重なる時間帯）の負荷曲線が急峻化し、系統運用が困難になる状況を表す呼称。負荷曲線がアヒルの形状に似ていることからこう呼ばれる。代表的なのは米カリフォルニア州であり、蓄電池や上げDRを使った急峻化回避の試みが行われている。

# ZEB／ZEH
【 ゼブ／ゼッチ（Net Zero Energy Building／Net Zero Energy House）】

　ZEBはゼロエネルギービルディング、ZEHはゼロエネルギーハウスの略。建物外皮の高い断熱と高効率電気利用機器、再生可能エネなどの採用によって年間で積算したエネルギー収支（系統への売電と系統からの買電の差し引き）がほぼゼロとなったビルや家屋のこと。ZEB／ZEHの普及は、エネルギー消費抑制についての政策課題にもなっている。また、$CO_2$排出削減への貢献のほか、DERが多く設置されているため、VPPのようなプラットフォームの参加者としても期待されている。

# 調整力公募

【 ちょうせいりょくこうぼ 】

　系統運用者（一般送配電事業者）が必要な調整力・予備力を発電事業者から年度ごとの公募で調達する仕組み。日本では2017年度から開始された。調整力・予備力の大きさは広域機関が算定し、各送配電事業者が決定する。公募は現状では信号への反応スピードによって電源I-a、I-b、I′などに分けられているが、デマンドレスポンスはI′のみに応募、落札している。

## 図 3-11 ▶▶▶ 調整力の調達方法の変化

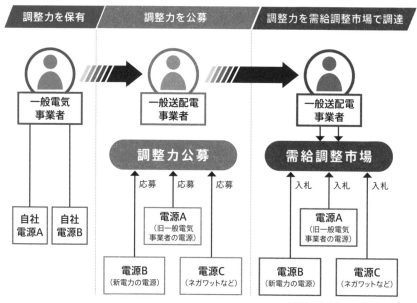

（出所）経済産業省資源エネルギー庁

## 図 3-12A ▶▶▶ 調整力の商品区分と今後の方針

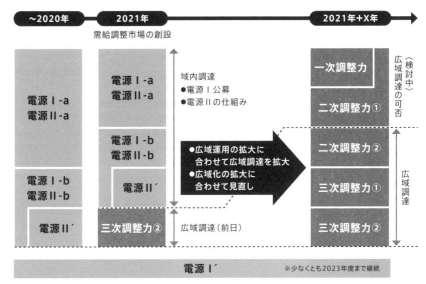

（出所）電力広域的運営推進機関

## 図 3-12B ▶▶▶ 調整力の分類（2019年度向け公募時点）

| | 周波数制御用 | 需給バランス調整用 | |
|---|---|---|---|
| | ハイスペック・高速発動 | ロースペック・低速発動 | |
| **電源 I**<br>系統運用者が<br>あらかじめ<br>確保する調整力 | 【I－a】<br>●発動時間：5分以内<br>●周波数制御機能<br>　（GF・LFC）あり<br>●専用線オンラインで<br>　指令・制御可<br>●最低容量：0.5万kW | 【I－b】<br>●発動時間：15分以内<br>●周波数制御機能<br>　（GF・LFC）なし<br>●専用線オンラインで<br>　指令・制御可<br>●最低容量：0.5万kW | 【I′】（厳気象対応調整力）<br>●発動時間：3時間以内<br>●周波数制御機能<br>　（GF・LFC）なし<br>●簡易指令システムで指令<br>●最低容量：0.1万kW |
| **電源 II**<br>小売電気<br>事業者の<br>供給余力 | 【II－a】<br>●発動時間：5分以内<br>●周波数制御機能<br>　（GF・LFC）あり<br>●専用線オンラインで<br>　指令・制御可<br>●最低容量：0.5万kW | 【II－b】<br>●発動時間：15分以内<br>●周波数制御機能<br>　（GF・LFC）なし<br>●専用線オンラインで<br>　指令・制御可<br>●最低容量：0.5万kW | 【II′】（厳気象対応調整力）<br>●発動時間：1時間未満<br>●周波数制御機能<br>　（GF・LFC）なし<br>●簡易指令システムで指令<br>●最低容量：0.1万kW |

（出所）電力・ガス取引監視等委員会

## 図 3-12C ▶▶▶ 需給調整市場の商品要件（抜粋）

需給調整市場で取り扱う商品の要件は以下のとおり

| | 一次調整力 | 二次調整力① | 二次調整力② | 三次調整力① | 三次調整力② |
|---|---|---|---|---|---|
| 英呼称 | Frequency Containment Reserve (FCR) | Synchronized Frequency Restoration Reserve (S-FRR) | Frequency Restoration Reserve (FRR) | Replacement Reserve (RR) | Replacement Reserve-for FIT (RR-FIT) |
| 対応する事象 | GCから実需給までの平常時の時間内変動や、電源脱落の事象に対応（発電機等のGF機能に該当） | GCから実需給までの平常時の時間内変動や、電源脱落の事象に対応（発電機等のLFC機能に該当） | GCから実需給までの平常時の予測誤差に対応（発電機等のEDC機能に該当） | GCから実需給までの平常時の予測誤差や、電源脱落の事象に対応（発電機等のEDC機能に該当） | FIT特例制度①③を利用している再生可能エネの、前日からGCまでの発電予測誤差に対応 |
| 指令・制御 | オフライン（自端制御） | オンライン（LFC信号） | オンライン（EDC信号） | オンライン（EDC信号） | オンライン |
| 応動時間 | 10秒以内 | 5分以内 | 5分以内 | 15分以内 | 45分以内 |
| 継続時間 | 5分以上 | 30分以上 | 30分以上 | 商品ブロック時間(3時間) | 商品ブロック時間(3時間) |
| 供出可能量（入札量上限） | 10秒以内に出力変化可能な量（機器性能上のGF幅を上限） | 5分以内に出力変化可能な量（機器性能上のLFC幅を上限） | 5分以内に出力変化可能な量（オンラインで調整可能な幅を上限） | 15分以内に出力変化可能な量（オンラインで調整可能な幅を上限） | 45分以内に出力変化可能な量（オンライン（簡易指令システムも含む）で調整可能な幅を上限） |
| 最低入札量 | 5MW（監視がオフラインの場合は1MW） | 5MW | 5MW | 専用線：5MW 簡易指令システム：1MW | 専用線：5MW 簡易指令システム：1MW |
| 刻み幅（入札単位） | 1kW | 1kW | 1kW | 1kW | 1kW |

（出所）経済産業省資源エネルギー庁

# 需給調整市場
【 じゅきゅうちょうせいしじょう 】

　調整力公募は2021年度以降をめどに年間公募ではなく、より実需給に近い時間断面で連続的に入札される需給調整市場に変わることが予定されている。DERを活用したDRやVPPのような需給調整力を持つプレーヤー（アグリゲーター）もこの市場に入札することになり、2021年4月からまず再生可能エネの予

測誤差に対応する三次調整力②からDERの活用（入札・落札）が始まった。将来的には需要側資源がより単価の高い市場区分（高速調整力枠）で活用されるには、高速化をはじめとする技術革新と制度的位置付けの明確化が必要となる。

# フレキシビリティ取引
【 ふれきしびりてぃとりひき 】

　DERの活用で日本に先行する欧州では、電気の使用量を上げ下げすること、タイムシフトして需給調整市場や配電線の電圧安定等の電力系統安定に使うことや、容量市場・卸市場で活用することを合わせてフレキシビリティ（Flexibility）と呼んでいる。特に需要側の資源をDSF（Demand Side Flexibility）と表現することもあり、欧州では2010年代以降風力発電の増大を背景に需給調整市場、配電線レベルの双方にわたり、小型発電機や蓄電池、電気自動車、電気温水器等の活用拡張が顕著となっている。さらに、フレキシビリティという言葉自体、kWh市場での最適化や容量市場でのkW価値も含めて使われることがある。

# 慣性力（イナーシャ）
【 かんせいりょく（いなーしゃ） 】

　交流電力系統の供給信頼度は、需給調整市場で調達された需要と供給の調整力（$\Delta$kW）のみで維持されているわけではなく、実際は系統内の個々の発電機や需要側の回転器が持つ正しい周波数に制御しようとする動き（ガバナーフリー）や、そもそも同期で回転している発電機や機器の回転子がその運動を続けようとする維持力（慣性力＝イナーシャ）を加えたいくつかの能力によって維持されている。
　慣性力（イナーシャ）は、非回転機である再生可能エネが大量導入され、同期発電機が少なくなると不足傾向になるのでは、という指摘が欧州のいくつかの国でなされ始めている。イナーシャを回転機以外で創り出すことも、理論的には回転子と同じ能力をパワーエレクトロニクスで実現することは可能であり、今後のデジタル技術等の革新によっては、現在はまだ運用の難しい再生可能エネや蓄電池のみを繋いだ回転機を持たない交流電力系統も可能と考えられている。

# グリッドコード
### 【 Grid Code 】

　系統運用者が系統接続する発電機に義務づけるルールや提供しなければならない動作のこと。電力系統の信頼度は、一般的に発電機個々で制御する周波数維持能力（ガバナフリー）、出力を指令に応じて変化させる需給調整（⊿kW）等によって維持されている。米国では系統に接続するにあたってガバナフリーの提供をグリッドコードとし、⊿kWのみを需給調整力取引対象としており、欧州ではガバナフリーと⊿kW両方を取引対象としている。

　ただし、慣性力（イナーシャ）で述べたように、電力系統の信頼度を陰から支えている慣性力（イナーシャ）の不足は、特に事故時に電力系統への影響が大きくなることから、英国では再生可能エネの増加と2019年の停電を受けて、慣性力を取引対象にすることを検討する動きがある。一方、再生可能エネについても、出力抑制や電源に応じた指令反応を求めている例があり、日本の過剰時出力抑制はその一種である。

# 再生可能エネルギーの市場統合
### 【 さいせいかのうえねるぎーのしじょうとうごう 】

　卸電力市場などの変動市場価格とは無関係に固定優遇価格での買い取りを行う固定価格買取制度（FIT）を見直し、市場価格に連動した電力販売と優遇販売（プレミアム受け取り）を組み合わせるフィードインプレミアム（FIP）により、再生可能エネを卸電力市場などの競争市場におけるプレーヤーとして取り扱うこと。

　FIT制度とは異なり、FIP制度では再生可能エネ発電事業者自身が小売事業者か卸市場に電気を販売することが必要であり、卸市場で販売する場合は30分同時同量が要求され、インバランス料金も課される。そのため、電源やDERアグリゲーターとの一体的運用が必要だと考えられるため、今後そうした統合のためのプラットフォームや発電・小売事業者、アグリゲーター事業者との連携が求められることになる。

# 再生可能エネルギー電源の自動制御
【 さいせいかのうえねるぎーでんげんのじどうせいぎょ 】

　一般送配電事業者からの出力制御信号に基づき、再生可能エネ電源の発電
出力を抑制するなどの制御を遠隔操作により自動で行うこと。

　この自動制御に対応するためには、再生可能エネ発電事業者が出力制御機
能付パワーコンディショナー（PCS）などの専用機器を設置して実施する必要が
ある。当日の需給状況や再生可能エネ電源の発電予想の結果を踏まえた制御
スケジュールなどを一般送配電事業者が発電事業者にあらかじめ配信し、自動
制御を実施する。

# 定置用リチウムイオン蓄電システム
【 ていちようりちうむいおんちくでんしすてむ 】

　リチウムイオン蓄電池（LIB）に加え、インバーター、コンバーター、パワーコ
ンディショナー（PCS）などの電力変換装置を一体的に備えたシステムのこと。

　工場や住宅などに文字通り定置された状態で系統に接続し、ピークカットや
電力需給のタイムシフトなどに用いられる。現代の蓄電池はリチウムイオンがも
っとも普及しているが、これ以外にも電極ではなく電解液を変化させるレドック
スフローや、リチウムと同じアルカリ金属であるナトリウムを用いるナトリウム硫黄
（NAS）なども定置用蓄電システムに用いられている。定置用蓄電システムは、
EVなどの移動用蓄電システムや無停電電源装置（UPS）などとは区別される。

　2020年に開催された定置用蓄電システム普及拡大検討会では、海外に比べ
て割高となっている定置用蓄電池の目標価格を引き下げ、2035年には家庭用
は7万円/kWh、業務・産業用は6万円/kWhを目標とするとともに、補助政策の
拡充を含めた一層の普及に向けた施策強化が打ち出された。

## 図 3-13 ▶▶▶ 定置用LIB蓄電システムの出荷実績（容量）

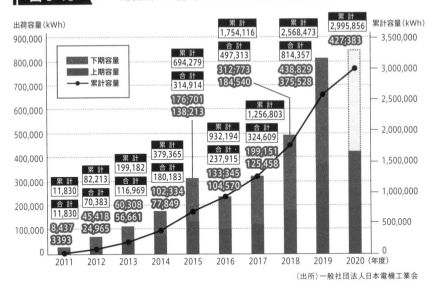

（出所）一般社団法人日本電機工業会

## 図 3-14 ▶▶▶ 蓄電システムの価格目標及び導入見通しのまとめ

| | | 2020年度（現在） | | 2030年度 |
|---|---|---|---|---|
| 家庭用 | 価格目標 | 9万円/kWh（工事費除く）<br>現状価格18.7万円/kWh<br>（工事費含む） | 価格目標 | 7万円/kWh<br>（工事費含む） |
| | 導入見通し | — | 導入見通し | 35万台/2.4GWh<br>（累積314万台/22GWh） |
| | 雇用効果 | — | 雇用効果 | 最大21千人規模 |
| 業務・産業用 | 価格目標 | 15万円/kWh（工事費除く）<br>現状価格24.2万円/kWh<br>（工事費含む） | 価格目標 | 6万円/kWh<br>（工事費含む） |
| | 導入見通し | — | 導入見通し | 0.4GWh<br>（累積2.4GWh） |
| | 雇用効果 | — | 雇用効果 | 最大3千人規模 |

（出所）経済産業省資源エネルギー庁「第4回定置用蓄電システム普及拡大検討会」

# コネクティッドインダストリーズ

【 Connected Industries 】

　IoTやAIなどのデジタルテクノロジーの進化を背景に生み出される新しい価値創造において、国内の産業活動を全面的に支援する目的で打ち出された経済産業省主導の戦略的政策のこと。

　機械、技術、データ、人、組織など様々なものをつなげることで、従来から日本を支えてきた製造業を中心としたモノづくりに加え、製造現場で蓄積されるデータの活用や、今後成長が期待されているロボット、自動走行、ヘルスケアなどの次世代産業育成などをターゲットとしている。日本の伝統的産業政策における新たなターゲット政策ともいえる。

　電力会社の場合、オペレーション＆メンテナンスやスマートメーター由来の各種データを活用することなどで社会基盤の整備に役立つことが期待されている。

## 図 3-15 ▶▶▶ コネクティッドインダストリーズ5つの重点分野

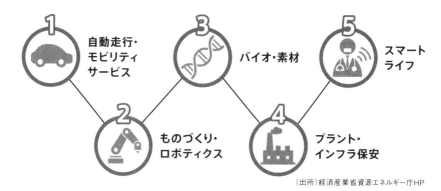

（出所）経済産業省資源エネルギー庁HP

# DERのマルチユース

【 でぃーいーあーるのまるちゆーす 】

蓄電池をはじめとするDERを複数の用途に活用し、それぞれから収益を上げることでDER保有やアグリゲーションビジネスのマネタイズを可能にしていく考え方。

もともと2016年から2020年のVPP実証において、DERとアグリゲーションビジネスは需給調整市場（⊿kW）で活動するものと捉えられている場合が多かったが、現在の欧州市場でのDERの主な稼得市場はkWh市場（当日電力取引市場での売買）になっており、実際に需給調整市場からの稼得だけでDER関連ビジネスを採算にのせることは困難である。

現状の日本の場合、DERのマルチユース先としてはkWh市場（時間前市場でのタイムシフトによる最適化）、⊿kW（需給調整市場への入札）、非化石価値取引市場（再生可能エネ価値提供）、容量市場（従来の電源I′、収入が2024年度から容量市場に移動）といったものが考えられており、これらに加えて蓄電池や電池の非常時価値（レジリエンス価値）等も考えられている。

# DERMS

【 Distributed Energy Resource Management System 】

DERを統合的に管理・制御するシステムの総称。欧米では、計画停電時対策、系統事故時対策、系統増強回避など、配電系統の計画および運用の最適化に用いられてきた。通信で接続されたDERをグループ管理し、系統運用システムに相互接続することで、DER側のPCS（=Power Conditioning Subsystem）が持つ系統サポート機能を活用する。

DERMSの機能としては、①DERの正確な入出力を把握し、需給調整や発電計画等に活用する統合監視機能、②系統保護・制御システムとDERを相互接続することにより、電圧・周波数などの電力品質維持に資するDER最適配分を行う品質維持機能、③連系開始やDERのパラメーター変更をリモートで行うことで系統運用者と発電事業者の業務負担軽減や生産性向上に貢献する維持管理機能などである。

# DSOプラットフォームとスマートレジリエンスネットワーク

【 DSO Platform and Smart Resilience Network 】

　DSOプラットフォームとはDERが増加した場合に配電会社側で必要になると考えられているプラットフォーム基盤のこと。

　配電線に多種多様なDERが接続された場合、配電系統の安定運用のためにDERを活用し、さらに送配電ネットワークにDERを活用する際、DERの動作にかかわるデータや信号、経済取引等のやり取りが必要になる。これらのやり取りを効率的に行うためには配電会社側（DSO）でDERの位置・動作能力等を把握するプラットフォームが必要となると考えられる。東京電力パワーグリッド、関西電力送配電、早稲田大学などは2020年度からこうしたDERプラットフォームの実証を行なっており、どのようなシステムや手法が日本に相応しいか、今後検証されることになっている。

　スマートレジリエンスネットワークはこの実証と関連してDSOプラットフォームの将来像を議論するために2020年8月に設立された任意団体。全国の送配電会社、通信、エネルギー、商社、鉄道・交通などの幅広い企業が参加し、活動を始めている。

## 図 3-16　▶▶▶ 送配電プラットフォーム、顧客サービス・DERプラットフォームのイメージ

[送配電プラットフォーム]
- ●送配電設備や系統管理のためのデータ集積・利用・公開
- ●スマートメーターデータの集積・加工・活用（電力データと他データの複合、提供）
- ●DER、フレキシビリティ（調整力、配電系統安定機能、非常時機能）の管理活用の基本となる登録、能力情報収集

 DSO／ユーザー接点で二つのプラットフォームが存在

[アグリゲーター／小売り／その他サービスプラットフォーム]（連携・進化の可能性）
〈アグリ〉蓄電池・EV・太陽光等のアグリゲーション・一日前・当日市場での最適化
　　　　　＋送配電会社：TSO／DSOとのフレキシビリティ取引
〈小売り〉顧客とのエネルギー取引・エネマネサービス等の提案、運用＋データ集積、分析
〈サービス〉P2P取引、環境価値等の新サービス、その他生活関連サービスへの展開

役割分担を明確にし、ビジネス化が図れる形で送配電側の構築着手を進めることが望ましい。

（出所）経済産業省資源エネルギー庁「次世代技術を活用した新たな電力プラットフォームの在り方研究会」

## 図 3-17 ▶▶▶ 電力流通のトランスフォーメーション（PX）

従来型の電力流通（取引）

**一方向の電力の流れ**

大規模電源による発電 → 送配電 → 電力販売 → 電力消費

特定計量器の検針

発電事業者 / 一般送配電事業者 / 小売電気事業者 / 需要家

多様化した電力流通（取引）

分散型エネルギー資源（DER）群のイメージ

●計量法の改正　●配電事業ライセンスの新設
●アグリゲーターライセンスの新設

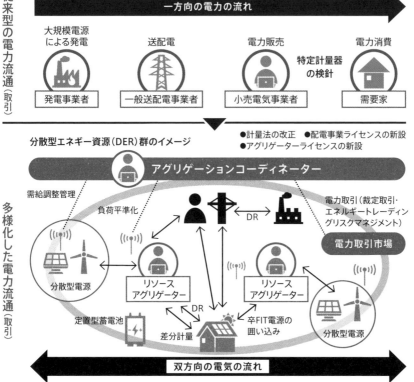

アグリゲーションコーディネーター

需給調整管理
負荷平準化
DR
電力取引（裁定取引・エネルギートレーディングリスクマネジメント）

電力取引市場

分散型電源
リソースアグリゲーター
定置型蓄電池
差分計量
DR
卒FIT電源の囲い込み
リソースアグリゲーター
分散型電源

**双方向の電気の流れ**

※DERとデジタル化の融合がもたらす電力システムの将来像の例。電力制度や政策全体が
　DER拡充とデジタルイノベーションを促す方向に再編成されていく姿が描かれている。

（出所）経済産業省資源エネルギー庁資料をもとにKPMGコンサルティング作成

# ポストFITの鍵握る
# デジタル技術

　2020年の電力制度改革では、電気事業法の改正以上に関係者が多く、発送電分離以上に注目されていたものとしてFIT法の改正があった。そのねらいは脱炭素社会に向けた再生可能エネ普及加速と国民負担の最小化を両立するための制度の確立であり、特にここまで主にFITによって量的拡大を果たしてきた太陽光発電をどう扱うかが重要になる。その鍵になるのは電力デジタル技術の活用であるのだが、その理由を順に見ていこう。

　FIT制度終了後の再生可能エネは、電源特性に合わせて具体的に「競争電源」と「地域活用電源」の二つに分けられることになった。事業用の太陽光や風力は「競争電源」であり、相対取引や卸電力市場での取引を通じて市場統合を目指す。その際、市場価格に一定のプレミアムを支払い、再生可能エネ投資の事業性、持続可能性を担保する制度とする（FIP＝フィード・イン・プレミアム）。一方、家庭用および小規模太陽光や小水力、バイオマスは「地域活用電源」であり、自家消費や地域消費、あるいは災害時の活用といった地域活用要件を設定してFIT制度を継続する。

　FIPの具体的な制度や地域活用の要件はこれから決められることになるが、このいずれについても実際に再生可能エネを中長

期にわたって持続可能にするためには、特に競争電源について主に3つのハードルがあり、結果として電気事業側のビジネス革新やプレーヤーの連携が重要になる。

　第一に、競争電源の市場統合には現在の送配電事業者まかせ（FIT特例による発電計画免除）とは違い、託送利用上、同時同量が必要であり、30分単位で太陽光や風力の出力を事業者単位で予測するという非常に難易度の高い作業が必要になる。太陽光の場合ならカメラによる画像技術やデータによる予測等、単独の再生可能エネ事業者ではなかなか取り組めないものである。

　第二に、予測された再生可能エネ出力に合わせて同時同量を担保できる相手が必要になる。欧州ではセクター・カップリングと呼ばれているものの一種で、再生可能エネ事業者はトレーディングセンターを持つ大きな事業者と協力し、第三のインバランス回避の運営と合わせて市場への統合を図っている。

　つまり、ポストFITは単なる再生可能エネ価格が変わるだけが論点ではない。むしろ、新しい事業者との連携、電力デジタル技術の高度化、情報の共有と落とし込み、さらには価格競争力を急伸させている屋根載せ型太陽光の普及促進における計量法緩和対応を含むビジネス革新等、多くのプレーヤーによる電力デジタル革命の具現化こそがよい形でのポストFITの発展を可能にしていくのである。

第4章

―

# IoTと
# データアナリティクス

# introduction

　近年、様々な領域でIoT（モノのインターネット）が普及していること
により、それらを通して得られたビッグデータを対象として、AI（人工知
能）を活用したデータアナリティクスが進化している。こうした手法を新
たなビジネスモデル構築に援用することに多くの企業が着目している。

　電力分野では2011年の東日本大震災以降、スマートメーターの導入が
大きく加速したことから、そのデータをいかに活用し、省エネルギーや
ピークカット、さらには顧客サービス創造に結び付けるかが課題となっ

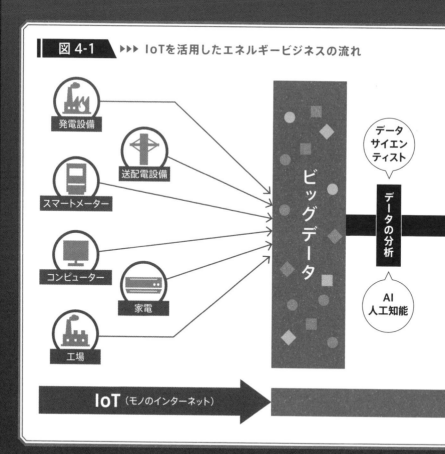

図 4-1　▶▶▶ IoTを活用したエネルギービジネスの流れ

てきた。欧米の一部の企業では既に大規模なデータアナリティクスチームを持ち、電力・ガス機器販売・サービスなどの様々な商品・サービスのマーケティングやプロモーションに活用している例もある。今後、電力デジタル革命と電気事業の規制改革が同時進行する中、従来の事業領域を超えた競争・協業などにより、電力の「使い方」が大きく変化し、関連するビジネスも飛躍的に多様化することが予想される。そうした変化にいかに迅速に対応し、顧客にどのような付加価値を提供できるかが、電力自由化時代におけるプレーヤーの生き残りの鍵を握っている。

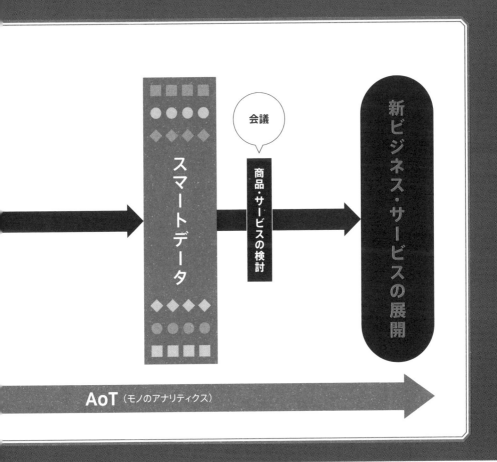

# 社会のデータ化と電気事業の対応

　デジタル技術の進化は消費者にも多くの恩恵を及ぼしている。この
デジタル技術の民主化とも呼べる社会現象により、我々の生活は急速
かつ大きく変容しているからだ。スマートフォンは2007年のiPhone
販売開始から10年余りの間に国内での保有率が8割に達しており、タ
ブレット型も含むスマートデバイス（多機能な情報端末）をプラット
フォームとして提供されるサービスは多様化を極め、今や日常生活に
欠かせないものとなっている。

　さらに、機械同士・設備同士が通信・協調する**M2M**[»p.116]の進
展も目覚ましく、電車やバスの運賃の支払や駅での買い物には**RFID**
[»p.117]の技術を活用した非接触ICカードであるSuicaやPASMOな
どの交通系ICカードの使用が当たり前になった。また、グーグルなど
の検索エンジンやアマゾンなどのECサイトでは、利用者の検索履歴
や購買履歴から嗜好を把握し、顧客に合わせた広告や商品などを自動
的に提示するレコメンデーションという仕組みが構築されている。

　今後も、IoTやAIなどのデジタル技術は**エクスポネンシャル（指数
関数的）**[»p.58]な進展を遂げていくことが予想されており、我々の社
会や生活をさらに大きく変容させていくと考えられている。

　エネルギー・電力分野もその例外ではなく、社会とエネルギーの関
係は将来、大きく変化している可能性が高い。我々は既にスマートメー
ターの導入やHEMS（ホームエネルギーマネジメントシステム）技術、
電力利用データの分析、省エネルギーアドバイスなど、様々な分野で

次世代技術活用の入り口に立ったといえる。

　電気事業も、こうした社会の変化に対して、迅速かつ的確に対応していくことが必要である。スマートメーターで蓄積された顧客の電力使用量データは代表的な**ビッグデータ**[»p.122]の一つであり、他のデータとの紐付けや分析・提案手法の開発次第では、顧客のライフスタイルを詳しく把握でき、新しいサービスの提供へとつながる可能性を秘めている。

　日本の家庭用電力小売市場では2016年4月の全面自由化から5年近くが経過しているが、その間に価格競争が限界に達し、この種の破滅に近づく競争を繰り広げるだけでは各プレーヤーの持続的競争力を保つことは難しいことが明らかになった。今後はこうした創造性とは無縁の競争よりも、ビジネスで得た情報をいかに活用し、どのような付加価値を創造できるかの提案力(バリュー・プロポジション)が問われるべきである。その基盤となるのは「データ」であり、その活用が主要なテーマの一つになると考えられている。我々の生活や社会がデータ化によって変容していくことを前提とすると、IoTやAIなどのデジタル技術への対応次第では、今後の各電力会社の競争力を左右していくものと思われる。

## 欧米の電気事業者の取り組み状況

　電力自由化が日本より先行した海外諸国では、米国の**エナジーエフィシェンシー**[»p.120]や英国の**コネクティッドホーム**[»p.120]に代

表されるエネルギーマネジメントへの政策資金の投入や、環境・エネルギー分野の産業振興を図る政策の後押しを受けて、多くの新サービスが提案され、実証での試行や事業化がなされている。

欧米諸国ではエネルギーマネジメント分野で数多くの起業がみられている。家庭の電気機器や太陽光発電（PV）、電気自動車（EV）、蓄電池などを無線通信で接続し、社会や顧客にとっての最適なエネルギー利用を実現するものであり、ディスアグリゲーションと呼ばれる機器別の電力使用を見える化した上で制御するものや、系統側の需給状況に応じたデマンドレスポンス（DR）の制御を行うものも見られる。こうした新技術・新サービスは、スタートアップ企業によって提供が開始される場合が多いが、近年、起業の動きが2010年代初頭に比べて落ち着きつつあり、また電力分野は差別化が難しいこともあって、多くのスタートアップ企業の事業内容がエネルギーマネジメント分野に集中している状況にもある。

電力会社やハウスメーカーが提供するHEMSサービスにより、外出先からのエアコンなどの家電に対する遠隔操作は、スマートフォンなどを用いて従来から可能であった。近年はグーグルの「Google Home（グーグル・ホーム）」やアマゾンの「Echo（エコー）」のようなスマートスピーカーを用いた音声操作による屋内の家電操作も徐々に広がりつつある。この延長線で、エネルギーマネジメント機能を提供するプラットフォームの登場も期待されており、エネルギーやその価格に関心の薄い層にも普及すれば、社会と電力の関わり方が一変する可能性もある。欧米の大手エネルギー事業者は、こうした領域を手掛けるスタートアップ企業の買収を精力的に進め、新たな潮流へのキャッチアップ

を試みている状況だ。

## 模索を続ける国内の電気事業者

　スマートメーターで得られた電力量データを顧客サービスに活用する取り組みは日本国内でも始まっている。スマートメーターで計量した時間帯別の使用量を会員制ウェブサイトで確認できる電気使用量見える化サービス（Aルートサービス）は多くの電力会社で導入されており、近隣商業施設の優待クーポンやEVの走行距離・充電量情報の提供、緊急時の駆け付けといったサービスも見られる。

**図 4-2**　▶▶▶ **IoTを活用した電力会社の新サービス例**

| 電力会社 | サービス内容 |
|---|---|
| 北海道電力 | エネモLIFE:家族見守りサービス |
| 東北電力 | よりそうスマートホーム:エネルギー管理の見守りサービス |
| 東京電力エナジーパートナー | TEPCOスマートホーム:エネルギー管理、見守りなどのサービスプラットフォーム |
| 中部電力ミライズ | カテエネコネクト:遠隔操作、自宅見守り、プロシューマー対応など |
| 北陸電力送配電 | IoT用通信回線（ガス・水道スマートメーターによる自動検針）、回線接続サービス（全国の通信事業者向け） |
| 関西電力送配電 | OTTADE!:子どもの見守りサービス |
| 関西電力 | はぴeまもるくん:各種見守りサービス |
| 中国電力 | どこじゃー ここっちゃ ここにおるよ:子どもの見守りサービス |
| 四国電力送配電 | IoT用通信回線（ガス・水道スマートメーターによる自動検針） |
| 九州電力 | 専用スマホアプリを通じて顧客に直接DRを要請 |

（出所）各社HP、電気新聞記事などを参考に筆者作成

スマートメーターで計測したデータをリアルタイムで顧客のEMS（エネルギーマネジメントシステム）機器に向けて情報発信するサービス（Bルートサービス）についても、いくつかの電力会社が取り組んでおり、このサービスを導入した顧客は、電力の使用状況に応じた機器の運転・制御が可能になり、より効果的なエネルギー管理を行うことができるメリットがある。他にも、電力使用量情報とヘルスケア情報とを合わせて分析し、健康的な生活をサポートするアドバイスや、テレビのデータ放送との連携、高齢者や子どもの見守りサービス、地域商店街への来店促進など、様々なサービスが見受けられるが、現状ではチャレンジの段階であり、今後も各社の模索が続いていくものと思われる。

## 未来の姿の実現に向けた今後の課題

日本の場合、顧客の電力使用量データをエネルギーマネジメントに活用したり、他の情報と組み合わせて新しいサービスの創造につなげるという構想は、電気事業者の内外では以前から実現に向けた議論が重ねられてきたが、現在も完全な形では実現していない。ここでは、そうした未来像の実現に向けた主な課題を挙げることとしたい。

まず、技術面の課題である。住宅やビルなどにおいて、機器ごとの電力使用量を把握し、また省エネのための機器制御を行うには、それぞれの機器とスマートメーターなどのプラットフォームとを通信線で結ぶ必要があるが、通常、建物内に設置される機器はそれぞれメーカー

が異なり、対応している通信規格にもバラつきがあるため、一つのプラットフォームに情報を伝送・統合するのが難しい場合が多い。例えば住宅であれば、HEMSの通信規格であるECHONET Lite（エコーネットライト）などに統一する動きはあるものの、まだまだ道半ばというのが実情である。

　事業性にも課題がある。特に一般の顧客にとっては、日々の生活においてエネルギーは主たる関心事ではない。また日本では、海外諸国に比べ、省エネ行動が浸透しており、現状以上の省エネの余地はそれほど大きくない場合が多い。従って、使用量情報の把握や機器制御に費用を投じて電気代を削減するというサービススキームは、費用対効果の点で成り立たない場合が多く、ESCO（省エネルギーサービス）などのEMSが育ちにくい状況にある。

　人材育成も課題だ。ビッグデータの活用に向けては、膨大な情報を読み解き、顧客へのサービスに生かせる情報へと翻訳するデータアナリティクスが重要であり、それを担う**データサイエンティスト**[»p.121]を育成していくことが必要である。例えば電力会社に蓄積されている電力使用量データも、そのままでは「無用の情報」であり、その情報を分析して、顧客の家族構成や生活スタイル、エネルギーの無駄遣い、健康状態などの「使える情報」にしていかなければならない。将来的には、この役割をAIが担っていくことも考えられる。もっとも、当面は現在計画中の電力版情報銀行が設立された後、まずはビッグデータ活用とデータアナリティクス、それらを踏まえたビジネスアイデア創出などについてのノウハウをヒトが蓄積していくことが前提となるだろう。

# スマートデバイス
【 Smart Device 】

　パソコンやメインフレーム、ワークステーションなどの既存のコンピューターの枠にとらわれない情報機器の総称。

　主な種類には、スマートフォンやタブレットのようなクラウドコンピューティングを前提としたタッチパネル式の通信機器や、スマート家電のように、スマートフォンなどとの連携機能を付加したものがある。また、腕時計型のスマートウォッチやメガネ型のスマートグラスといったウェアラブルデバイス、インターネットに接続可能なスマートテレビなどが研究あるいは開発されている。

# M2M
【 Machine to Machine 】

　コンピューターネットワークにつながれた機械同士が人間を介在せず相互に情報交換し、自動的に最適な制御が行われるシステムのこと。マシン・トゥ・マネジメント（Machine-to-Management）とも呼ばれ、モバイル通信の標準化団体である3GPPはマシン・タイプ・コミュニケーション（Machine Type Communication）という名称で標準化を行っている。

　情報通信ネットワークと通信技術・通信機器の発達、およびセンサーネットワーク技術や情報処理システムの高度化により初めて可能となるシステムであり、通信機器が小型化され各種の装置に容易に組み込むことが可能になったこと、オンラインネットワークが国中の隅々まで張り巡らされたこと、さらには無線通信技術の発展などの多様な技術がM2Mを支える土台となっている。自然環境の監視、見守り・セキュリティ、遠隔での使用状況等監視、決済関係、車両関係、広告表示など、様々な分野で活用されている。

# RFID

【 Radio Frequency Identification 】

　人やモノなどを認識（ID）した情報を埋め込んだ媒体メモリ（RFタグ）から、電波や電磁波などを用いた近距離（周波数帯によって数cm〜数m）の無線通信によって、それらの情報を読み書きする機器（リーダーライター）との間で情報（データ）をやりとりするシステム、およびこれら一連の技術全般を指す。

　従来のRFタグは、複数の電子素子が載った回路基板で構成されていたが、近年は小さなワンチップのIC（集積回路）で実現できるようになってきており、これはICタグと呼ばれている。一般的なRFIDでは、ICタグの中でも特にパッシブタイプのものを指していることが多い。

　なお、こうしたタグとリーダーライター間の無線通信技術は、技術領域としては狭義のRFIDという位置付けとなるが、広義のRFIDでは ICタグを様々な物や人に取り付け、それらの位置や動きをリアルタイムで把握するという運用システム全般を含む。

# 非接触ICカード

【 Contactless IC Card 】

　情報記録や演算を行う集積回路（IC）を搭載したICカードのうち、リーダーライターの磁界を通過する電磁誘導の起動力を利用する非接触型のものを指す。電車の乗車カードや電子マネー、社員証やセキュリティロックの認証用など、様々な用途に採用されている。

　当初は世界各地域で異なる規格が普及し、欧州では蘭フィリップスが開発したMIFAREに代表されるType-A、米国では米モトローラが開発したType-B、日本ではソニーが開発した「FeliCa（フェリカ）」がType-Cとして国内では支配的な規格となっていた。しかし、いずれも国際規格として採用されず、上位通信方式としてNFC（Near Field Communication）がISO/IEC18092として規格化され、既に普及した非接触型IC カードの下位互換性を確保しているのが世界の潮流である。

　なお、非接触ICカードはRFIDと同様の技術を用いており、広義のRFIDの一種に含まれる。一方、クレジットカードやデビットカードなどに採用されている

接触型ICカードはリーダーライターに挿入した際にICの端子部分から外部電源が供給される仕組みになっている。

# スマート家電
## 【 Smart Home Electric Appliance 】

　家電製品のうち、インターネットに接続して情報のやり取りを行うもの。ユーザーにとっては、スムーズなデータ更新、遠隔操作が可能、といった利点があり、一般家庭においてもスマートテレビなどが普及しつつある。AI（人工知能）を搭載したアマゾンの「エコー」、グーグルの「グーグル・ホーム」やアップルの「ホームポッド」など、スマート家電をコントロールするためのインターフェースも登場しており、将来的には、家電製品を含めた住宅内の環境を一括管理できるシステムの発展も期待されている。

# スマートハウス
## 【 Smart House 】

　家電や設備機器を通信ネットワークで接続し最適制御を行うことで、生活者のニーズに応じた様々なサービスを提供しようとする住宅のこと。

　技術的には、ホームオートメーションを搭載した住宅といえるが、各年代における社会ニーズ、参入する企業の考え方、中核となる情報技術の変化などにより、様々な解釈がされている。名称も1990年代のインテリジェントハウスやマルチメディア住宅、2000年代のIT住宅・ユビキタス住宅などと変化しているが、基本的な概念は同じである。

　近年における解釈としては、HEMSと呼ばれる家庭のエネルギー管理システムで家電、太陽光発電（PV）、電気自動車（EV）、蓄電池などを一元的に管理する住宅といえる。規格が統一されておらず、しかも通常よりもコストが高いなどの問題があるが、こうした課題を解決するための官民の動きは活発化しており、HEMSの通信規格標準インターフェースとしてはECHONET Lite（エコーネットライト）が政府から推奨されている。

# スマートファクトリー
## 【Smart Factory】

　ドイツ政府が提唱するIndustry4.0を具現化した先進的な工場のこと。センサーや設備を含めた工場内のあらゆる機器をインターネットに接続し、品質・状態などの様々な情報の「見える化」、情報間の「因果関係の明確化」、設備同士（M2M）、あるいは設備と人の「協調」を目指している。

# スマートコミュニティ
## 【Smart Community】

　地域社会が、エネルギーを消費するだけでなく、つくり、蓄え、賢く使うことを前提に、地域単位で統合的に管理する社会を指す。産業や社会生活の基盤となる住宅・施設・交通網・公共サービスなどがITにより情報ネットワークに接続し、環境負荷が少ない暮らし方を実現する。スマートシティ、環境配慮型都市ともいう。

　これまで、地域社会で消費する電力は、供給量の予測と調整によって需給のバランスがとられてきたが、スマートコミュニティでは、自家発電や蓄電を含む再生可能エネルギーを最大限に利用し、従来の電力供給とあわせて需要量も供給量も管理する機能が必要となる。

# コネクティッドシティ
## 【Connected City】

　人々が実際に暮らすリアルな環境の下で、その暮らしを支えるあらゆるモノやサービスが様々なテクノロジーを介してつながる実証都市のこと。

　トヨタ東富士工場跡地を利用して2021年初頭から着工されるWoven City（ウーブン・シティ）と命名されたプロジェクトがこれに当たる。本プロジェクトで採用されるテクノロジーとは、自動運転、MaaS、パーソナルモビリティ、ロボット、スマートホーム技術、人工知能（AI）技術などであり、これらをコネクティッドシティに導入、検証することが公表されている。

# ICT
### 【 Information and Communication Technology 】

　情報通信技術の略で、インターネット・携帯電話・携帯情報端末や、それらを使った各種サービスなど、情報・コンピューター関連のコミュニケーション技術全般を指す。ビジネス上の要請・課題をコンピューターの利用で達成することはICTソリューションとも呼ばれる。

# コネクティッドホーム
### 【 Connected Home 】

　英国の独立規制機関である電力・ガス規制局（OFGEM）が主導するスマートメーター活用による家庭用分野の省エネの概念のこと。関連して各小売会社に家庭用の省エネ投資（断熱や冷暖房機器の買い替え）のアドバイスや機器の設置・施工（他事業者に委託を含む）を行う義務が課せられるなどの政策も展開されている。これらにかかわるエネルギーベンチャーも英国には存在する。

　日本では、家庭内の電気機器を一括で制御してエネルギー利用を最適化するホームオートメーションを備えたスマートホームの別称で用いられることもあり、コネクティッドカーと同様、インターネットに常時接続するIoTの一部としての意味合いを持つ。

# エナジーエフィシェンシー
### 【 Energy Efficiency 】

　米国の多くの州で見られる家庭用電力ユーザーへのピーク削減、エネルギーマネジメントの支援政策のこと。州公益事業委員会（PUC）などが推進している。電力データに基づく省エネルギー・ピーク削減アドバイスやピーク削減に寄与する機器買い替え補助を、主として託送費用から支出するよう配電・規制小売部門（Utility）に課す。この政策によって米国ではディスアグリゲーション（家庭の電力需要を分解して機器ごとの使用状況を明らかにする）系の新進企業が数多く誕生し、成長している。

# コネクティッドワールド
【 Connected World 】

IoTなどにより実現される、様々な「モノ」がインターネットを介してつながっている社会のこと。コネクティッドワールドでは、インターネットでつながった個々の「モノ」から膨大な量のデータが収集されるが、それらの情報をいかに分析・活用できるかが問われている。

# AoT（モノのアナリティクス）
【 Analytics of Things 】

IoTなどで収集されたデータを分析して、ビジネスの具体的な成果につなげるまでの活動や考え方のこと。米バブソン・カレッジのトーマス・ダベンポート教授は、インターネットに接続されたデバイスから生成される大量のデータを分析し、有用なものにしなければならないことを説明する言葉として、AoTは便利であると指摘している（2014年1月29日付米ウォール・ストリートジャーナル紙）。

IoTデバイスから得られるセンサーデータを数字の羅列に終わらせず、分析して価値のある情報を抽出するには、用途に合わせた専門的で的確なデータの分析が不可欠である。従って、IoTの価値はAoTの在り方により決定付けられると考えられている。的確なデータの分析や活用にはデータサイエンティストやAIの能力が鍵となるが、その前提として、こうした分野の育成や取り組みが重要となる。

# データサイエンティスト
【 Data Scientist 】

様々な課題の解決や展望を予測するため、膨大に蓄積されているビッグデータの内容・分布を調べ、特定の傾向や性質に基づいた解析によって適切な解決方法を提示・評価する職業的専門家（プロフェッショナル）のこと。

ICTの環境整備を背景に、企業などが収集・蓄積するデータの種類や量は爆発的に増加し続けており、ここから必要なデータを取り出し、効果的に実際のビ

ジネスや社会活動に利用するデータサイエンティストの存在が注目されている。従来のITエンジニアが担っていた情報処理やプログラミングの技術に加え、社会や企業の動向を数理モデルに反映するためのより幅広い知識が必要とされる。

# ビジネスインテリジェンス（BI）

【 BI=Business Intelligence 】

　経営・会計・情報処理などの用語で、企業などの組織のデータを、収集・蓄積・分析・報告することで、経営上の意思決定などに役立てる手法や技術のこと。

　BI技術で使われる一般的な機能には、オンライン分析処理（OLAP）、データ分析、データマイニング、プロセスマイニング、テキストマイニング、複合イベント処理（CEP）、ビジネス業績管理（BPM）、ベンチマーキング、予測分析、規範分析などがある。

　BIの対象データには、累積データを蓄積するデータウェアハウス、特定目的に合わせて抜き出したデータマートなどがあり、これらを作成更新する技術にはETL（Extract Transform Load）などがある。

# ビッグデータ

【 Big Data 】

　データの収集・選択・管理・処理に関して、一般的なソフトウェアの処理能力を超えた複雑かつ膨大なサイズのデータの集合のこと。

　現在は数十テラバイトから数ペタバイトの範囲であるが、今後の新技術の普及により、その数値上の定義は変わっていくと考えられる。ビッグデータの傾向をつかむことで、様々なビジネスの開発や疾病予防・犯罪防止、リアルタイムの道路交通状況の情報に基づく判断などにつながる可能性がある。

# スマートデータ

【 Smart Data 】

　単に膨大なデータを収集・蓄積するだけでなく、蓄積されたビッグデータを解

析した結果、ビジネスの役に立つ形式になっているデータ、現場で活かすことができるデータをスマートデータと呼ぶ。

なお、収集されたまま解析されず、日の目を見ないデータをダークデータということもあるが、最近は、こうしたデータを見直すことで新たな価値が生まれる、「ダークデータこそが宝の山である」という認識も生まれている。

## ダークデータ
【 Dark Data 】

企業などの組織が保有しているデータのうち、十分に活用されていない、あるいはその存在すら認識されていないデータのこと。

ITシステムや様々なデバイスで生成され、サーバーなどに蓄積される。潜在的価値を持つ未活用データとも考えられており、組織がもつデータの過半を占めているとする見方もある。こうした未活用データはその量が多すぎること、データから適切な示唆を導き出すスキルセットが不足していることなどが課題として指摘されている。

## プレディクティブメンテナンス
【 Predictive Maintenance 】

設備に取り付けたセンサー、メーターやドローンなどの遠隔監視手段、さらには公開された気象データなどにより収集されたビッグデータを、AI活用による解析などを通して設備管理における精度向上や最適化を図る仕組みのこと。

直訳すると予知保全、予兆保全のことであるが、こうした考え方自体は以前から日本でもあった。しかし、近年のIoT技術やデータ解析の急速な発展を受け、この領域でもデジタル技術の応用が進められた結果、例えば、より正確な設備更新のタイミングを把握することができ、その結果としてメンテナンスコストの低下につながるなどの効果が認められている。

# ダイナミックプライシング

【 Dynamic Pricing 】

　商品やサービスなどの財の価格を、需要と供給の状況に応じて随時変動させて値付けを行うこと、またはその価格戦略を指す。変動料金制、価格変動制、動的価格設定ともいう。

　ダイナミックプライシングのはしりでは、たとえば人気の対戦カードにおけるスポーツ観戦チケットや繁忙期のホテルの宿泊代など、集客が見込めるサービスの価格を高めに設定し収益を増やす一方、集客が見込めないサービスは価格を下げて集客数を増やすなどの戦略が採られた。

　近年では、過去の販売実績データなどのビッグデータを基にAI（人工知能）が売れ行きを予測したうえ、システムが実際の販売状況の推移を考慮して収益最大化が見込める最適価格を推奨し、それを参照して価格を柔軟に変動させる仕組みが導入されている。こうした仕組みが電力価格のプライシングにおいても導入されると、需給状況に応じたプライシングがより合理的な需給調整に寄与するものと考えられている。

# サブスクリプションサービス

【 Subscription Service 】

　商品やサービスなどの提供を受けた際、その都度対価を支払う購入形態ではなく、それらを一定期間利用する権利に対価を定額で支払う方式のこと。サブスクリプションモデルやサブスクリプション方式とも呼ばれるが、日本では「サブスク」と略されて呼ばれることも多い。

　元は「定期購読」などから転じて有効期間の使用許可の意味となり、コンピューターソフトウェアの利用権などとして採用されることが多かった。近年のシェアリングエコノミーの普及を受け、モノの所有や消費に対して、コト消費と呼ばれる顧客の経験価値を重視したサービスモデルを包括した考え方としても使われることが多い。

# ロジック半導体／半導体メモリ

【 Logic Processor／Semiconductor Memory 】

ロジック半導体とはMPU（=Micro Processing Unit、超小型演算処理装置）、CPU（=Central Processing Unit、中央処理装置）やDSP（=Digital Signal Processor）などのロジックIC（論理素子）のこと。

MPUはCPUを含んだ集積回路になっており、ともにコンピューターの心臓や脳にたとえられることが多い中枢的な処理装置としての半導体チップ（プロセッサ）である。DSPはデジタル信号処理に特化したプロセッサであり、特定の演算が高速で処理できるように設計されていることからリアルタイムコンピューティングなどで使われることが一般的である。これらはいずれも、瞬時に膨大な計算を処理するために高機能化が進んでいる。

半導体メモリとはDRAM（=Dynamic Random Access Memory）やNAND（=Not AND）などのメモリIC（記憶素子）のこと。

DRAM はRAM（格納されたデータに任意の順序でランダムアクセスできるメモリIC）の一種で、記憶保持のために常にリフレッシュが必要なことから電力消費が問題になる。しかし、容量単価が安価であるため、コンピューターやデジタルカメラなどの多くの機器に採用されている。NANDとは不揮発性記憶素子のフラッシュメモリの一種であることからNAND型フラッシュメモリとも呼ばれる。USBメモリやSSD（=Solid State Drive）、デジタルカメラやスマートフォンなどの記憶装置として採用されている。なお、Not ANDは、論理演算において2つの命題の両方が真のときに偽となり、それ以外は真となることを意味している（AND回路の出力を反転したもの）。

# パワー半導体

【 Power Semiconductor 】

主に電圧の昇降圧、周波数の変換、交流と直流の変換などに用いられる半導体のこと。モーターの駆動、バッテリーの充電、マイコンやLSI（=Large Scale Integration、大規模集積回路）の動作などに電力（電源）制御や供給を行うた

め、大電流や高電圧に耐えうる構造を持っていることが特徴である。

電気自動車（EV）やハイブリッド車（HV/HEV）のほか、現代の様々な家電機器などには不可欠な存在である。例えばエアコンの場合、パワー半導体を搭載したインバーターではきめ細かな制御が可能となり、単純なオン・オフ制御しかできないものと比較すると電力消費を大きく削減できるメリットがある。パワー半導体自体の性能向上に関する技術開発も盛んで、省エネの観点からも注目を集めている。

# デジタル半導体／アナログ半導体
【 Digital Semiconductor／Analog Semiconductor 】

デジタル半導体とは、アナログ値をデジタル値の2進数（0と1＝オンとオフ）に変換して信号を処理（計算式を演算）する回路構成を持つ半導体のこと。

アナログ半導体とは、情報量が連続して変化するアナログの電気信号（電流、電圧、周波数）を処理する回路構成を持つ半導体のこと。なお、信号処理は内部素子の特性で決まることから演算は固定である。

# GPU／NPU
【 Graphics Processing Unit／Neural Processing Unit 】

GPU（＝Graphics Processing Unit、画像演算回路）とは、ゲームや映像などの3次元グラフィックスを画像描写する場合に、必要な計算処理を実行する半導体チップ（プロセッサ）のこと。

CPUのコア数が数個であるのに対し、GPUのそれは数千個となることから、GPUは膨大な並列演算を短時間で実行できることが特徴である。このことから、最近ではグラフィックス処理だけではなく、AI開発にGPUを搭載したコンピューターが用いられることが一般的となりつつある。

NPU（＝Neural Processing Unit）とは、ニューラルネットワークを多層化したAIの深層学習において、学習結果に基づく推論処理を高速で実行する半導体チップ（プロセッサ）のこと。2017年頃からスマートフォンなどに搭載されている。

# データ独占
【 Data Monopoly 】

　特定の事業者が様々な方法で収集したデータを独占的に囲い込んでいる行為、またはその囲い込み体制のこと。

　従来からGAFA ／ BATなどの巨大ITプラットフォーマーによるデータ収集とその利用については独占禁止法上の観点から議論の対象となってきた。取引先や利用者に不当な契約を強いる「優越的地位の濫用」を防ぐ目的で、日本でも2020年5月に「特定デジタルプラットフォームの透明性及び公正性の向上に関する法律」が成立している。

　IoTなどの普及に伴い様々なデータの収集が各企業で活発になるなか、こうしたデータ独占は個別国・地域の特定の産業・企業でも起こり得ることから、データ独占は巨大ITプラットフォーマーだけの問題でもなくなっている。なお、欧米におけるITプラットフォーマーへの規制の強化は、データ独占だけではなく、プライバシー保護やデジタル課税など、その対象は複数に及んでいる。

# 情報銀行
【 Information Bank 】

　行動履歴や購買履歴などを含む個人情報に紐付いたデータの第三者提供について、それに同意した個人から預託され一元管理する制度、あるいは事業者のこと。

　提供されたデータの活用により得られた便益は、データを受領した他の事業者から直接的または間接的にデータを提供した個人に還元される。個人の同意は、使いやすいインターフェースを用いて、情報銀行から提案された第三者提供の可否を個別に判断するか、情報銀行から事前に示された第三者提供の条件を個別に、あるいは包括的に選択する方法により行う。

　2020年の電気事業法改正では、電気事業法上の情報の目的外利用の禁止の例外が設けられ、電力版情報銀行の設立が目指されている。他の産業では、金融における電子決済等代行事業、医療における検診情報、不動産取引における成約情報などについての情報銀行も構想されている。

**図 4-3** ▶▶▶ 情報銀行の概要図

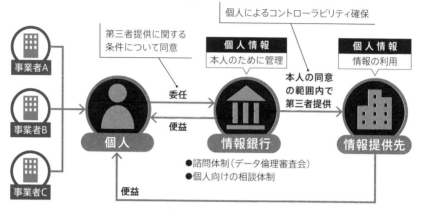

（出所）総務省 情報信託機能の認定スキームの在り方に関する検討会「情報信託機能の認定に係る指針ver2.0」

---

# オプトイン／オプトアウト

【 Opt-in／Opt-out 】

　オプトインとは、企業などが個人情報を収集・活用する場合に、事前に本人の許諾を得た個人情報のみを第三者に提供すること、またはその方式のこと。

　オプトアウトとは、企業などが個人情報を収集・活用することができるということを事前に決め、本人へ知らせた上で本人が反対しない限り、個人情報の提供に同意したものとみなして第三者に提供すること、またはその方式のこと。

---

# デジタルツイン

【 Digital Twin 】

　物理（フィジカル）空間の環境を仮想（バーチャル）空間に再現し、様々なシミュレーションを行うこと、またはそれを実現させる一連の技術のこと。

　IoTなどを用いて物理空間側のリアルタイム情報を収集して送信し、仮想空間側でVR やARなどを用いて同じ環境を再現する。物理的な制約を超えたシミュレーションが可能となり、仮想空間側ではAIなどを用いて精度の高い将来予

測を行うことで、O&Mの最適コスト計算やプレディクティブメンテナンスなどに活用する。得られたデータによるアナリティクスを受けて、製造業などでは生産管理や品質管理の最適化などにも活用されており、さらには運輸、流通、建設など応用範囲の拡大が期待されている。

# 画像センサー
## 【 Image Sensor 】

　光の映像情報を電気信号に変えて映像化する撮像素子（半導体）のことで、イメージセンサーとも呼ばれる。高電圧アナログ回路を持つCCD（=Charge Coupled Device、電荷結合素子）イメージセンサーが過去には多用されたが、消費電力が少なく安価なCMOS（=Complementary Metal Oxide Semiconductor、相補型金属酸化膜半導体）イメージセンサーが現在の主流となっている。

　身近にはスマートフォンのカメラやデジタルカメラなどの撮影機材に採用されているが、産業用ロボットや医療機器などにも多数応用されており、画像解析技術との組み合わせでは光学文字認識（OCR）や3次元測定を実現させている。IoTシステムにおける電子の目の役割を果たすセンサーの一つであり、自動運転にも画像センサーは欠かせないことから、画像センサーの需要は大幅に増えると予想されている。

# ワイヤレス給電
## 【 Wireless Charging System 】

　USBケーブルなどのコネクターやその他の種類の金属接点を介さずに機器などに電力を伝送すること、およびその技術。

　ワイヤレス電力伝送、ワイヤレス充電、非接触電力伝送などとも呼ばれる。家電製品の中では電動歯ブラシが比較的長い歴史を持つが、近年はワイヤレスパワーコンソーシアム（Wireless Power Consortium; WPC）による国際規格Qiに対応したスマートフォンが急増したことをきっかけに電気シェーバーなどの他の家電製品にも広がりを見せており、ワイヤレス給電は一般的な充電手段となりつつある。

第5章
—
ロボット活用の
最前線

# introduction

　機械としてのロボットの歴史は長いが、近年のデジタル化や情報処理技術の進化の影響を受け、ハードウェアとしてのロボットはもちろん、ソフトウェアとしてのロボットも新たに出現している。いずれの場合も、これまで人間には困難であった作業を容易にする一方で、人間の仕事を単純なものから順にロボットが奪い取ることへの懸念も高まっている。しかし、生産性の向上やより豊かな生活を人間が手に入れるためにも、

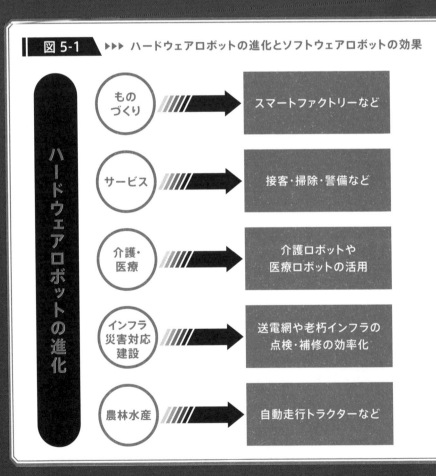

**図 5-1** ▶▶▶ ハードウェアロボットの進化とソフトウェアロボットの効果

ハードウェアロボットの進化

| | |
|---|---|
| ものづくり | スマートファクトリーなど |
| サービス | 接客・掃除・警備など |
| 介護・医療 | 介護ロボットや医療ロボットの活用 |
| インフラ災害対応建設 | 送電網や老朽インフラの点検・補修の効率化 |
| 農林水産 | 自動走行トラクターなど |

ロボット活用への注目度は高く、あらゆる産業でその導入拡大が喫緊の
テーマになっている。加えて、日本国内で深刻化する人手不足や将来の
人口減少などへの対応、「働き方改革」実現の手段としてもロボット活用
への期待が高まっている。電気事業でいえば、発電分野の設備運用、送配
電設備の監視・保全、間接定型業務の効率化などで、既に導入に向けた多
くの実証や実装が始まっており、今後はさらにロボットの活用の場が広
がっていくと予想されている。

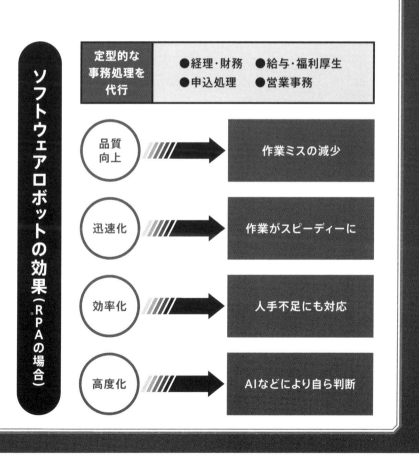

# ロボットとは何か

現代のロボットの概念や定義は多種多様であるが、この分野にもデジタル化の波が押し寄せているという点では例外ではない。AI（人工知能）やセンシング技術の活用により、既に作業ロボットから自律的に行動するロボットへの進化が始まっている。従来はデータで制御されていたロボットが、大量データの蓄積と活用によりコミュニケーション機能を持つようになり、携帯電話やパソコンに代わる新たなデバイスとして、日常のあらゆる場面での生活支援などへ活躍の場を広げようとしている。また、ネットワークを介したロボットの相互連携など、IoTの普及過程において、その重要性はますます高まると考えられる。

# ハードウェアとしてのロボット

様々な形態が開発されている**用途別ロボット** [»p.140]や、いわゆる**人型ロボット** [»p.141]は、ソフトウェアにより駆動を制御し、幅広いパターンの動作を発生させる。これらの動作により、工場の製造ラインにおける多種多様な作業を行ったり、あるいは人間の作業を代替できるように設計されている。この種のものはハードウェアロボットと呼ぶことができる。

用途別ロボットの中でも、日本の得意分野である**産業用ロボット**

[»p.140]は、1980年代からハードウェアロボットの中心的な存在であった。ロボットティーチングと呼ばれるプログラムにより作動する産業用ロボットは、**アクチュエーター[»p.142]**系の動作が比較的単純なものから、**マニピュレーター[»p.143]**とも呼ばれる大型アームのものまで様々なタイプが存在する。また、近年の規制緩和により人間と共に作業を行う**協働型ロボット[»p.141]**の開発が進んでいるが、ここに来て新型コロナウイルス感染症拡大への対策としても注目されている。

電気事業関連では、福島第一原子力発電所事故を契機として、事故収束作業に向けた様々なタイプの災害対応ロボットの開発が進められている。また、復興関連プロジェクトである福島イノベーションコースト構想において、2018年度からロボットテストフィールド整備事業が実施されている。ここでは空中、陸上、水中で活用することを想定した多様な災害対応ロボットの実証が進められており、2020年には福島ロボットテストフィールドが正式に開所した。

空中や水中からの監視や、災害対応などで人の代わりに作業を行うという点からハードウェアロボットの一種と考えられる**ドローン[»p.144]**も、インフラの維持管理、物流、農業などの幅広い分野での活用が期待されている。電力会社では、東京電力ベンチャーズと地図情報企業のゼンリンが組んだ「ドローンハイウェイ構想」を進めており、ドローンによる空の道が整備されることが計画されている。また、物流会社ではセイノーホールディングスが2021年4月から山梨県小菅村での商業配送を常時運用するとしている。

ドローン先進国であり、送電線の総延長が100万kmを超える世界最大の送配電網を持つ中国では、飛行・撮影・画像解析などの一連の

作業が自動化されたドローンを、鉄塔や送電線の巡回監視に活用し始めている。また、鉄塔上に設置するドローンへの自動充電などを目的とした基地(ドローンの巣)の開発が進められ、将来はこの種の監視の全てがドローン化すると見られている。

## ソフトウェアとしてのロボット

　近年はパソコンなどのコンピューター上で人間の作業を代替する**ロボティック・プロセス・オートメーション(RPA)**【»p.146】などのソフトウェアが、デジタル技術をベースに急速に進化している。この種のものはハードウェアロボットと対比してソフトウェアロボットと呼ばれている。ハードウェアロボットによる製造現場の自動化の歴史は長いが、ソフトウェアロボットであるRPAの出現により事務作業にも人間の介在を必要としない自動化の波が押し寄せている。

　既にあらゆる業界において、生産性向上の新たな切り札としてRPAの活用がここ数年で急速に広がっている。RPAは**BRMS(ルールエンジン)**【»p.60】、**機械学習(ML)**【»p.60】や**AI(人工知能)**【»p.29】といった認知技術を活用することで、事前にプログラムにより決められた作業ルールに従い、情報取得(クローリング)、入力、検証などの定型業務を自動化する。例えば、経理部門での請求書処理、入金確認や経費精算、営業部門の契約申込処理、人事部門の36協定チェックなど、主にバックオフィスやシェアードサービスにおける定型業務の自動化・効率化に貢献する。現在普及が進

んでいるRPAはClass1と呼ばれ、こうした定型業務の自動化が中心であるが、Class2では**コグニティブコンピューティング**[»p.149]の活用により非定型業務への対応が可能となり、さらにその先のClass3では意思決定の自動化までが視野に入れられている。

　RPAのようなソフトウェアロボットは、ホワイトカラーの業務遂行を補完することができるため、**仮想知的労働者（Digital Labor）**[»p.148]とも呼ばれる。2025年までに全世界で1億人以上の知的労働者、もしくは3分の1の仕事がRPAに置き換わるといわれている。日本RPA協会の調査では、RPA利用企業の97％において、適用した業務の処理時間が半分以下になったとの報告もある。

　電力業界においてもRPAのユースケースは増加しており、2016年の小売全面自由化直後のスイッチングにより膨張した小売部門やネットワーク部門における事務作業への対応などを契機に、他の業界と同様に様々な部門での活用が広まっている。このように、規制改革により生じた業務膨張などの課題に対して、短時間で導入可能なRPAの活用は救世主となる可能性が高い。

　これらの業務のピークカットにおいて「RPAの効果」がいったん認められると、他の定常的な業務においても生産性向上を目的に導入拡大が検討されることは自然な流れであり、全社的な取り組みへと水平展開されるのも時間の問題であろう。自動化という文脈では、例えばデジタル化時代の営業施策を検討する上で、デジタルマーケティングの取り込みはいずれ不可避となるであろうが、こうした手法を確立させるためには**マーケティングオートメーション**[»p.147]の採用なども検討する必要がある。

# 働き方改革と機械との共存

　英オックスフォード大学のマイケル・オズボーン准教授とカール・フレイ・フェローは研究論文『雇用の未来』（2013年）の中で、人間の様々な仕事がコンピューターによる自動化で置き換えられると、米国における雇用の47％が失われると指摘した。本章でも見てきた通り、ハードウェアとソフトウェアの両面で進むロボットの導入は、ブルーカラーとホワイトカラーの別なく、ロボットで代替可能な人間の仕事を奪っていく。これが第4次産業革命により大失業時代が到来するという懸念が世界に広まっている理由である。

　しかし、日本の深刻な人手不足問題などを考えると、短期的にはデジタル技術の活用なくして、**働き方改革 [»p.148]** が目指す時間外労働の削減や生産性の向上は期待できない。さらに、従来の滅私奉公的な労働環境の改善なくしてイノベーションに向けた活動時間の確保などもあり得ない。イノベーションに向けた活動や多様な働き方を実現するためにも、ロボット活用を戦略的に取り込めない組織が未来を展望することは難しい。

　もちろん、中期的に労働者の職業転換を促す政策的なバックアップに失敗すると、デジタル化の急激な進行が労働市場でのミスマッチを拡大させ、人によっては苦痛が生じる可能性も高い。しかし、長期的に考えた場合、こうした懸念を前に思考停止していては、状況の悪化に対し手をこまねいて見ているだけになってしまう。やがて到来するといわれる長寿時代におけるキャリアの長期化を念頭に置くと、働き

方や雇用の変化という予測困難な問題に対峙する必要があり、この点からも人間はよりイノベーティブな存在にならざるを得ない。一方で第1次産業革命以来の技術進化が生活にどのような影響と恩恵をもたらしたかを考えれば、今回もまた、技術進化が辛い労働から人間を解放してくれる明るい未来も期待できる。「機械との競争」よりも、「機械との共存」を考えねばならないのである。

---

**最新トピックス** ‖‖ **ロボットとAIで火力発電所設備の巡視**

関西電力グループは2020年8月、自走式ロボットとAI（人工知能）による火力発電所向け巡視点検システムを開発したと発表した。発電所所員が目視で行っている設備点検の省力化を図り、これから予想されるベテラン技術者の退職に伴う技術・技能の継承を支援する。作業員が行っている巡視業務の約25%を代替できる。

システムは発電所巡視向けに最適化した自走式ロボとAI診断システムで構成され、ロボは可視光カメラ、音響マイク、サーモカメラ、ガス検知機などを搭載。プログラムしたルートに従って発電所内を周回し、映像などデータを収集する。一方、AI診断システムは収集したデータを基に、オイル漏れなどの異常を自動で検知し、警報を発出する。

2021年度の自社火力への本格導入を目指すほか、他社発電所や製鉄所・製油所など同様の課題を抱える製造設備への展開も予定している。

電気新聞2020年8月26日付より

## 用途別ロボット

【 ようとべつろぼっと 】

　災害対応、産業用、軍事用、搬送用、原子力施設用、介護・生活支援用など、特定の用途で人間に代わって業務や作業などを行う機械ロボットのこと。自律型、多能工（多機能）型など、様々な用途に幅広い機能のロボットが存在する。

　近年、業務用掃除、業務用搬送、監視・警備（セキュリティ）、留守番、案内（コミュニケーション）などに向け、様々な単機能ロボットが開発されており、ロボットと呼ばれる機械の範囲が広がっている。撮影用・点検用などで活用されるドローンもこの種のロボットに含まれる。

## 災害対応ロボット

【 さいがいたいおうろぼっと 】

　地震や水害などの自然災害で被災した場所において、人命救助や災害復旧工事などを行うために設計されたロボットのことであるが、災害発生後だけではなく、防災を目的としたものも含まれる。

　レスキューロボットとも呼ばれる人命救助を目的としたものは、瓦礫の中を移動する特殊な機能や人間を発見するセンサーを備える。福島第一原子力発電所事故を契機として、人間が入れない危険箇所での遠隔作業や情報収集を行うロボットの研究・開発が盛んになっているが、こうしたロボットも災害対応に分類される。

## 産業用ロボット

【 Industrial Robot 】

　日本工業規格（JIS）では「自動制御によるマニピュレーション機能または移動機能をもち、各種の作業をプログラムによって実行できる、産業に使用される機

械（「JIS B 0134-1998」の用語1100番）」と定義されている。日本では1980
年代に爆発的に増加し、世界でも突出した産業用ロボット大国といわれている。
自動車製造ラインの、特に溶接作業などに使用され、出荷台数の40%ほどが自
動車および自動車関連部品産業向けである。

# 人型ロボット
## 【 Humanoid Robot 】

　AI（人工知能）やコミュニケーション能力を備え、外見も人間に似せて製作さ
れたロボットのこと。ヒューマノイドロボット（人間そっくりのロボット）とも呼ばれ
る。人間のように二足でバランスをとりながら歩行することが可能なものを二足
歩行ロボットと呼ぶが、車輪などにより移動するものも人型ロボットに含まれる
場合がある。人型でない用途別ロボットや動物型・ペット型ロボットなどとの区別
のために使われる場合もある。なお、汎用の人型ロボットはまだ存在していない。

# ソフトウェアロボット
## 【 Software Robot 】

　ソフトウェア型の仮想ロボットがパソコンをはじめとしたコンピューターで操作
可能なアプリケーションへの単純な繰り返し入力作業などを記憶し、同様の作
業が記憶された内容に従い実行することにより、一連の業務プロセスを自動化
する汎用的なソフトウェアのこと。
　ロボットによる業務プロセスの自動化・効率化を行うロボティック・プロセス・
オートメーション（RPA）を実施するためのソフトウェアなどの総称でもある。機
械ロボットなどのハードウェアとしてのロボットの対義語としても用いられる。

# 協働型ロボット
## 【 Collaborative Robot 】

文字通り人間と協働することが可能なロボットのこと。従来の産業用ロボット

では最大出力が80Wを超える場合はロボットを安全柵で囲い、人間の作業場とは分離した状態にする必要があった。しかし、2013年の「産業用ロボット80W規制の緩和」により、一定の条件を満たせば80Wを超える場合でも協働が可能となった。

　従来型産業用ロボットは自動車や機械製造など繰り返し作業が主となる固定的な製造ラインで活用されてきた。しかし、協働型ロボットは食品産業などでの多品種変量生産にも対応が容易であることや、小型軽量、容易なティーチング、低価格などの特性により、より広い業種での活用や中小企業での導入ハードルを下げるなどの好循環を生んでいる。

# ロボットティーチング
【 Robot Teaching 】

　産業用ロボットのプログラミングを行う方法のこと。ティーチングとも呼ばれるが、教示作業とも呼ばれる。

　産業用ロボットはこのティーチングによって記憶された内容を再現することで、様々な作業を行う。こうした機能を持つことが産業用ロボットの特性の一つであるが、これをティーチングプレイバックと呼ぶ。また、ロボットティーチングを行う技術者をティーチングマンと呼び、労働安全衛生法により特別な講習を受けることが義務付けられている。なお、ティーチングを行うロボットのプログラム言語はメーカーごとに独自開発されており互換性がない。

# アクチュエーター
【 Actuator 】

　日本工業規格（JIS）では「ロボットの動力を発生させる動力機構。例として電気、油圧、空気圧エネルギーをロボットの運動に変換するモーター（「JIS B 0134-1998」の用語3005番）」と定義されている。機械ロボットの構成要素は、機構・駆動・制御であるが、アクチュエーターはこのうちの駆動部分のことである。

　電気などのエネルギーだけではなく、コンピューターの出力信号を物理的運

動に変換するものも含む。なお、産業用ロボットの中でアクチュエーター系と呼ばれるものは、軸数が少なく直線運動が基本のシンプルな直交ロボットのことを指している。現状ではモーター駆動が主流であるが、より効率的に大きな出力を発揮できる人工筋肉による駆動が注目されている。柔軟性のある人工筋肉はソフトアクチュエーターとも呼ばれ、ウェアラブルデバイスに適している。

KEY WORD

## マニピュレーター

【Manipulator】

日本工業規格(JIS)では「互いに連結された分節で構成し、対象物(部品、工具など)を掴む、または動かすことを目的とした機械(「JIS B 0134-1998」の用語1110番)」と定義されている。人型ロボットの腕と手(アーム)の部分、または腕と手の機能を持つ産業用ロボットのこと。

マニピュレーターを操作する人のことや、マニピュレーター自体(アームロボット・双腕ロボット)での作業のことも指す。人間が直接触れることができない物質や空間内での作業を遠隔操作するもの、工場の生産ラインでの部品のピッキングから組み立て、溶接などの自動化を目的としたものなど、産業用ロボットとしては幅広い領域で活用されている。

KEY WORD

## GPS自動走行システム

【じーぴーえすじどうそうこうしすてむ】

人工衛星からの信号により位置情報を得るGPS(全地球測位システム)を活用した自動走行システムのこと。GPS自動航行システムともいわれる。

例えば、ロボットとしての農業用トラクターやバギー、消防隊員の接近が困難な火災現場の消防用ロボットの自動運転などに活用されている。レーザーセンサーなどと併用されることで位置情報を得て、自律制御により走行する。また、墜落防止、障害物回避や操縦者の技量差を埋めるための自動操縦(オートパイロット)を備えたドローンでは、トラッキング(追尾)方式とともにGPS自動航行システムを採用している。

# ドローン

## 【Drone】

パイロットが搭乗せず、遠隔操縦や自動操縦で飛行することができる無人航空機のこと。

日本の航空法では「航空の用に供することができる飛行機、回転翼航空機、滑空機、飛行船その他政令で定める機器であって構造上人が乗ることができないもののうち、遠隔操作または自動操縦（プログラムにより自動的に操縦を行う

## 図 5-2

▶▶▶ 空の産業革命に向けたロードマップ2020　日本の社会的課題の解決に貢献するドローンの実現

| | 年度 | | 2020 | |
|---|---|---|---|---|
| **環境整備** | 制度の整備 | 所有者情報の把握 | 航空法改正　→　基準・要件の具体化 | 基本方針 |
| | | ●機体の安全性確保 ●操縦者等の技能確保 ●運航管理に関するルール等 | 具体的な制度の検討　→　制度の整備 | リモートIDに関する要件整理 |
| | システム | ドローン情報基盤システム（DIPS）●電子申請サービス ●飛行情報共有サービス | 登録機能の開発・整備 | |
| | | | 機体・操縦者・運航管理に係る次期システムの基本設計 | |
| | 電波利用 | ●携帯電話等の上空利用 | 申請処理期間の短縮 | |
| | | ●山間・離島等における対策 | 多数接続技術・周波数共用技術の開発 | |
| | 地域限定型「規制のサンドボックス」 | | 法改正　→　制度の創設・運用 | |
| | 福島ロボットテストフィールド | | 試験設備・実証環境の充実 | |
| | | | ユースケース（プラント点検・災害対応・警備等） | |
| **技術開発** | 運航管理システム（UTMS）API連携による多数事業者の相互接続 | | 技術・制度課題等の実証分析・技術開発 | |
| | | | 遠隔での有人機・無人機の飛行位置把握に関する技術的検証 | |
| | リモートID | | ブロードキャスト型　技術的検証　→　技術規格の策定 | |
| | | | ネットワーク型 | |
| | 衝突回避等技術 | | 小型化・省電力化等 | |
| | 機体性能評価 | | 機体の安全基準評価手順検討 | |
| | | | サイバーセキュリティ基準の検討 | |
| | 国際標準（ISO等）化 | | 運航管理システム機能構造等の国際規格化、 | |
| **社会実装** | レベル1，2（目視内、操縦・自動/自律）空撮、農薬散布、点検、測量等 | | ガイドラインの周知　→　より一層の普及・拡大 | |
| | レベル3（目視外（補助者なし）、無人地帯）本土・離島間、山間地物流等 | | レベル4を見据えた実証実験等　成果反映 | |
| | レベル4（目視外（補助者なし）、有人地帯）物流、警備等 | | 先行事例調査　→　課題分析 | |

ことをいう）により飛行させることができるもの」と定義されている（航空法第2条22）。送電線監視、配電線活用新サービスや太陽光発電（PV）のEL測光などで活用が期待されているが、同法は現在、人の目が届かない場所でドローンを飛ばすことを原則認めていない。

　一方、政府は2020年7月に「空の産業革命に向けたロードマップ2020」を取りまとめており、これに拠ると22年には有人地帯での目視外飛行が可能となる規制緩和が予定されている。これが実現すると、都市部でのドローン配達も可能となり、物流の形態も大きく変わると見られている。

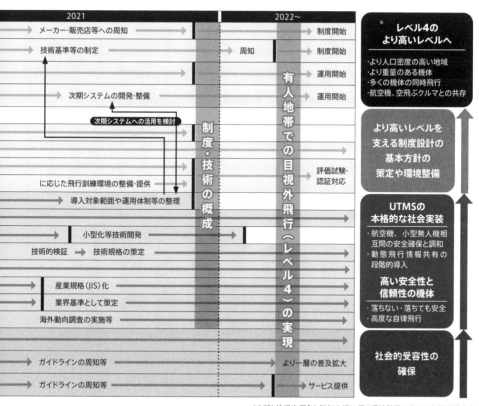

（出所）首相官邸「小型無人機に係る環境整備に向けた官民協議会」

# ロボティック・プロセス・オートメーション（RPA）

【 RPA=Robotic Process Automation 】

　BRMS（ルールエンジン）、機械学習（ML）やAI（人工知能）といった認知技術を活用し、仮想ロボットが人間のパソコン上の操作や作業などの定型業務を記憶し、それにより人間の操作を自動化するソフトウェアロボットの総称、または定型業務に対する自動化・効率化の取り組みや概念のこと。

　RPAのソフトウェアロボットは、操作設定を行う機能、設定された内容に従いロボットが処理を実行する機能、実行スケジュールや動作履歴の管理機能などで構成されている。通常のRPA構築には伝統的プログラム言語が必要ないため、IT部門スタッフのようなITナレッジのない業務部門スタッフでも仮想ロボッ

**図 5-3**　▶▶▶　RPA導入率の推移

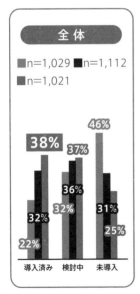
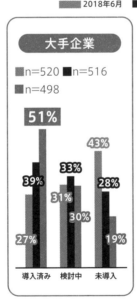
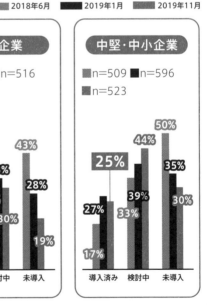

**RPA導入率**：社数ベース。回答企業全体を分母、RPAを「利用している」と回答した企業を分子として計算。計算の関係上、構成比の合計は100%にならないことがある。

（出所）MM総研 RPA国内利用動向調査2020

トの作成が可能となっている。

　現状のRPAは定型業務の自動化を主な目的として普及しているが、これは
Class1と呼ばれている。RPAではさらにClass2、Class3の3段階の発展が想
定されている。Class2はAI（人工知能）を活用することにより非定型作業の自
動化が実現され、印刷活字、画像や音声などの電子データ化されていない非構
造化データの読み取りや、知識ベースの活用も可能となる。Class3ではプロセ
ス分析や意思決定、改善までの自動化を実現する高度に自律化された状態を想
定している。

# マーケティングオートメーション
### 【 Marketing Automation 】

　デジタルマーケティングにおける一連の業務を自動化するツールや仕組みの
こと。

　デジタルマーケティングでは興味、関心や行動が異なる顧客の要求や趣向に
合わせたコンテンツを、最適なタイミングとチャネルで個別に提案する必要があ
り、マスマーケティングとは逆のパーソナライズドマーケティングやワントゥワン
マーケティングの考え方が採用される。このため、データ収集、データアナリ
ティクスと顧客への個別対応を、AIなどを活用して機械的に大量処理してシナリ
オ化する必要がある。

　これら一連の業務プロセスを自動化するために、様々なマーケティングオート
メーションのシステムが開発されているが、ROI（Return on Investment=投
資利益率）最大化を自動化することを意図したものも登場している。

# レコメンデーション
### 【 Recommendation 】

　顧客にとって有用であると考えられる商品情報などのコンテンツをECサイト
などのウェブ上でリアルタイムに提示するマーケティング手法のこと。

　顧客の閲覧履歴、購入履歴や同じ属性を持つ他の顧客のデータ解析、因果

関係の確率推論により複雑かつ不確実な事象を予測するベイジアンネットワークなどを活用するレコメンデーション・エンジン（レコメンド・エンジン）は、EC最大手のアマゾンが活用していることで有名になった。アマゾンがウェブマーケティングの手法として採用するロングテール戦略は有名であるが、売れ筋ではないニッチ商品を大量に取り揃え、コミュニケーションコストをかけずに販売するこの戦略を支える重要なツールともなっている。

既に様々なタイプのレコメンデーション・エンジンが存在するが、個人やリレーションの情報活用などにより、例えばSNS内でまだつながっていない知人の紹介や転職サイトでの求職情報マッチングなど、EC業界以外にも活用の場が広がっている。

# 仮想知的労働者
【 かそうちてきろうどうしゃ 】

RPAにより創出される新しい労働力の仕組み、労働資源のこと。デジタルレーバー（Digital Labor）ともいわれる。

RPAはホワイトカラーの業務遂行を補完することができることから、リアルに働く人間の労働力とは異なるコンピューター上のバーチャル労働力を生み出しているため、これを担うソフトウェアロボットを擬人的に表現したものでもある。企業におけるコスト削減や生産性・品質向上をもたらすだけではなく、少子高齢化などによる労働人口不足を解決する新たな労働資源として注目を集めている。

# 働き方改革
【 はたらきかたかいかく 】

長時間労働、非正規と正社員の格差、労働人口不足の解消を3本柱として、2016年8月に発足した第3次安倍第2次改造内閣で提唱された政府の取り組み。働き方改革の特命担当大臣が任命されたほか、内閣官房に「働き方改革実現推進室」が設置されている。

多様な働き方を可能とすること、中間層の厚みを増しつつ格差の固定化を回

避することで成長と分配の好循環を実現すること、生産性向上を実現することなどで、一億総活躍社会実現を目指すとしている。2018年6月には働き方改革関連法が国会で成立し、2019年4月から順次施行されている。

# コグニティブコンピューティング
## 【 Cognitive Computing 】

　人間が作業や意思決定などをより効果的に行うことができるよう、アドバイスなどのサポートを提供することを目的としたシステムのこと。

　コグニティブ（Cognitive）には「経験的知識に基づいた」という意味があり、人間がコンピューターに指示した内容を処理するだけではなく、自ら学習して蓄積したデータに基づいて思考し、人間が意思決定を行う場合に判断材料を提供するなどのサポートを行う。AI（人工知能）が人間の活動をイミテーションすることを目的とした科学技術であることに対して、コグニティブコンピューティングは人間中心のシステムである点で、目的やゴールが異なるといわれている。

# チャットボット
## 【 Chatbot 】

　自然言語や音声言語で会話（チャット）の相手ができるプログラムのこと。チャット（Chat、おしゃべり）とボット（Bot、データ検索などで人間を補助するソフトウェアエージェント）を組み合わせた造語である。

　チャットボットの歴史は古く、その起源は1966年に米マサチューセッツ工科大学で開発されたELIZAに遡る。現代のチャットボットには大きく人工無能型と人工知能型の2つのタイプがある。前者の人工無能型はシナリオ型やルールベース型とも呼ばれ、事前に作成したシナリオに従い、ユーザーの選択に沿う形で会話が進んで行く。後者の人工知能型は2010年代に入り発達してきたAIを搭載したチャットボットのことであり、複雑なルールの会話を処理することから普及が進んでいる。これら2つのタイプを組み合わせたハイブリッド型もある。

# ITとOT

【 Information Technology／Operational Technology 】

ITは情報技術（Information Technology）のことであるが、これと対をなす形でエンジン・バルブなどの物理的な機械における運用・制御技術のことをOT（=Operational Technology）と呼んでいる。

## 図 5-4 ▶▶▶ 発電分野のデジタル化のイメージ

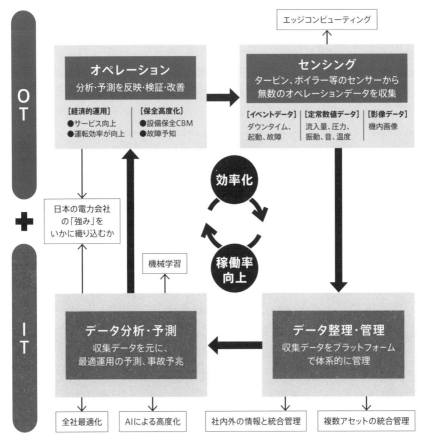

(**注**)：OT…現場における機器等の制御技術のこと。
　　　IT…現場業務を支える情報技術のこと。 　　　　　　（出所）経済産業省資源エネルギー庁HP

ITと比較するとOTは標準化が進んでおらず、セキュリティ上の理由からもネットワークには接続しない閉鎖系システムがこれまでの主流であった。しかし、産業用IoTの出現により、従来は相容れなかったITとOTの領域融合が進むことが実現すれば、社会システムの効率化も進むことが期待されている。

# BPM
【 BPM=Business Process Management 】

名前の通り、業務プロセスのマネジメント（実行・管理）をサポートする情報システムのコンセプトのこと。

BPMで用いられる情報システムの総称をBPMS（=Business Process Management System）と呼ぶ。業務プロセス自体は業務マネジメントの基本であるPDCA（=Plan, Do, Check, Action）サイクルを回すことを指している。業務プロセスを可視化し、ITを駆使して業務の効率化や改善を図ることが目的であり、業務プロセスにおける定型業務部分にRPAを組み込むことが増加しており、近年はBPMとRPAの連携がテーマとなっている。

# ベスト・オブ・ブリード
【 Best of Breed 】

組織内におけるITシステム、ソフトウェア、データベースなどを構築する際、各分野でベストの製品を選んで組み合わせること。

ベスト・オブ・ブリードの本来の意味は「ベストの上を行く最善の組み合わせ」であることから、同じITベンダーの製品を揃えてシステム構築を行うスイート（Suites）と呼ばれる手法とは異なり、業務へのマッチングや必要な機能を備えた製品を選定する。結果的に、各分野で異なるITベンダーの製品を採用することを厭わない考え方である。一方でスイートではシステム間の連携が容易であり、サポートや保守が一元化されるなどのメリットもあることから、目的に応じた方針を決めることが肝要である。

# 第6章

EV・
モビリティ革命の
可能性

# introduction

　デジタル技術の革新は、人類の移動・輸送手段をリードしてきた自動車にも影響を及ぼしつつある。電気自動車（EV）に代表される車両の電動化への動きは、ハイブリッドシステムの実用化や蓄電池の性能面・コスト面の革新によって導入拡大への期待が高まっており、低炭素化社会への移行に向けた社会的ニーズがそれを後押ししている。特に日本の場合、VPP（仮想発電所）実証やV2X実証に見られるように、ネットワークにつながった分散型エネルギー資源（DER）としてのEVの活用にも大きな注

**図 6-1** ▶▶▶ EVを使ったエネルギービジネスの展望

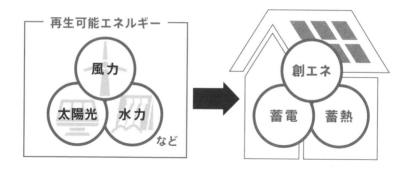

再生可能エネルギー

風力
太陽光　水力
など

創エネ
蓄電　蓄熱

## 電気自動車普及のポテンシャル

pote **1** ntial
自動車の
低コスト化

pote **2** ntial
環境対策

pote **3** ntial
政策的支援

目と期待が集まっている。

　並行して自動車産業ではデジタル技術を使ったシェアリングサービスや輸送需給マッチングサービス、AI（人工知能）を含むセンサー・予測技術による自動運転や自動車自体のサービス・プラットフォーム化など、新しいビジネスモデルが期待され、「モビリティ革命」や「CASE革命」とも一部で呼ばれている。車両の電動化はそれ自体が社会にインパクトを与えるものだが、新しいビジネスモデルとの相乗効果も生まれる可能性を秘めている。

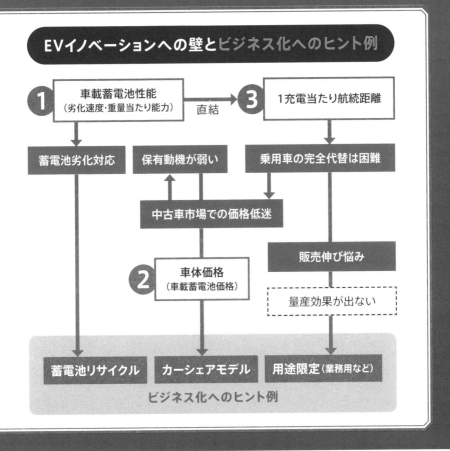

**EVイノベーションへの壁とビジネス化へのヒント例**

**①** 車載蓄電池性能（劣化速度・重量当たり能力）　直結　**③** 1充電当たり航続距離

蓄電池劣化対応

保有動機が弱い

乗用車の完全代替は困難

中古車市場での価格低迷

**②** 車体価格（車載蓄電池価格）

販売伸び悩み

量産効果が出ない

蓄電池リサイクル　カーシェアモデル　用途限定（業務用など）

ビジネス化へのヒント例

# 電気自動車の歩みと現在のEVブーム

**電気自動車（EV）**[»p.170] は新しくて古い技術である。ガソリン自動車が米国をはじめとする各国で大量生産されたのは1930年代以降のことだが、それ以前は自動車の動力として電気も有力視されており、中核技術である蓄電池を含めて1910〜20年代には盛んに研究された。日露戦争で電池の国内生産が盛んになった日本でも、蓄電池技術者であった2代目・島津源蔵（島津梅治郎）が1917年に電気自動車の「デトロイト号」を米国から輸入し改良したほか、いくつかの研究・生産が行われている。

その後、ガソリン自動車が主流となったが、先進国で排気ガスによる大気汚染が大きな話題になった1960年代、さらに米カリフォルニア州でゼロエミッションカーの義務付けが検討された1980年代に、ポストガソリン自動車の技術として再注目され、様々なタイプの電気自動車が生産された。しかし、そのいずれも中核技術である蓄電池の性能とコストが車載での実用レベルに至らなかったため、普通乗用車での普及には至らなかった。

このような状況が続いていたものの、1997年にトヨタ自動車が電池技術を使ってガソリンの最適燃焼を実現する**ハイブリッド車**[»p.171]を開発・市販し、大ヒットとなった。以来20年余りで世界各国に一気に普及した。**プラグイン・ハイブリッド車**[»p.171]を含めて電気自動車が初めて一般化したのである。その後、電気自動車における航続距離や寒冷地での使用課題など、自動車としての商品性がまだ

まだ低いにもかかわらず、2010年あたりから2010年代末に至るまで、脱炭素化の流れの中で地味ながらも世界的なEVブームが続いてきた。

しかし、2020年に入り、温室効果ガスに対する各国政策の変化が、脱ガソリンの世界的な潮流を加速させることとなり、自動車産業が置かれた状況を一変させている。

一方この間、日本ではEVを**分散型エネルギー資源（DER）**［» **第3章参照**］の一つとして比較的早くから注目し、東日本大震災後に実施されたスマートコミュニティ4地域実証（横浜市・愛知県豊田市・関西文化学術研究都市〈けいはんな学研都市〉・北九州市）における、EV利用システムの構築とデータ蓄積、電気自動車からの放電を使ったデマンドレスポンス（DR）や**V2X**［»**p.175**］の仕組みによる緊急時電力供給の実証などが進められてきた。

## EVブームの背景と現在地

初期のEVブームの背景には、

①蓄電池の革新（リチウム系材料革新と量産による低コスト化）

②パリ協定で低炭素化社会が将来像として描かれる中での自動車メーカーと各国政府の事業上・政策上の事情

③米カリフォルニア州を中心に市場の期待を集める挑戦的なベンチャー企業群が現れ、州政府や各国が強力に支援していること

など、いくつかの要因があった。

このうち蓄電池については、目下の量産効果が事前の価格降下見通

しを上回るハイペースでのコスト低減に結び付いている。日本の蓄電池メーカーが2010年代初頭に掲げていた価格目標は当時の20万円／kWh程度を10年間で半減することであった。ところが、2018年時点で既に、韓国産電池や米国で大量生産されたEV用電池の輸入販売価格の相場は6～8万円／kWhに近づいていたことから、この水準が世界標準となっていた。近年ではコストよりも航続距離の延伸をアピールするEVが増えてきており、EVを巡るフォーカスも徐々に変わりつつある。

しかし、2010年代におけるEV普及のもう一方の課題として、軽自動車やプラグイン・ハイブリッドといったライバルとなるエコカーに対する、不断の性能向上とコストダウンがあったことも理由として挙げられる。このようなことから、当時のEVがコスト面や性能面において、こうしたエコカーと比べた場合の相対的に有利なポジショニングを築けている訳でもなかった。

次に自動車メーカーと政府の事業上・政策上の最新状況はどうだろうか。2016年に発効したパリ協定は、参加国に温室効果ガスの排出削減義務があった京都議定書とは違い、削減量は確約されたものではない上、削減目標レベルも低かった。しかしながら各国の自動車メーカーは以前から意欲的な目標を掲げてエコカーへの移行を図っており、パリ合意以降もEVへの注力を続けている。これは、自動車業界がもともと環境問題と絡めて非難を受けやすい上、2010年代にディーゼルエンジンをめぐるデータ改ざん事件で社会的信頼を失ったドイツの自動車メーカー各社が、ハイブリッドエンジン技術に大きく出遅れたことにより、EVへの急速なシフトを掲げざるを得ない、といった事情も

図 6-2　▶▶▶　各国政府のEVに関する動向

| 国 | 発表年月 | 発表者 | 政策目標に関するアナウンスや発言 |
|---|---|---|---|
| 英 | 2017年7月 | 運輸省、環境・食料・農村地域省 | 2040年までにガソリン・ディーゼル車の販売を禁止（HVについては不明） |
| | 2020年2月 | ジョンソン首相 | 上述の方針を「2035年までに」と5年前倒し |
| | 2020年11月 | | ●上述の方針を「2030年までに」とさらに5年、当初からは計10年前倒し ●HVは2035年から販売禁止 |
| 仏 | 2017年7月 | ユロ環境連帯移行大臣 | 2040年までに温室効果ガスを排出する自動車の販売を終了（HVについては不明） |
| 独 | 2016年10月 | 連邦参議院 | 2030年までにガソリン・ディーゼルエンジンの販売を禁止する決議案を可決 |
| | 2017年7月 | 政府報道官 | 「ディーゼル車およびガソリン車の禁止はドイツ政府のアジェンダには存在しない」と発言 |
| | 2017年9月 | メルケル首相 | 「現在主力のディーゼル車の改良とEVへの投資を同時に進める二正面作戦が必要」 |
| 中 | 2016年9月 | 工業信息化部 | 2019年から新エネルギー車（NEV）規制を導入すると発表、全販売量のうち一定比率の新エネルギー車の販売を求める予定 |
| | 2020年10月 | 中国汽車工程学会 | 2035年にガソリン・ディーゼル車の新車販売を禁止し、PHVを含むEVとHVの割合を50:50にする |
| 米 | 2012年 | カリフォルニア州 | 2018年からゼロエミッション（ZEV）規制においてHVを除外 |
| | 2020年 | | 2035年までに加州内新車販売のすべてをZEVにすることを義務付け |
| 印 | 2017年 | NITI Aayog（研究機関） | 2030年までにすべての販売車両をEV化する |
| 日 | 2020年12月 | 経済産業省 | 2030年代半ばまでに国内新車販売においてガソリン車販売を禁止 |

（出所）経済産業省資源エネルギー庁資料に各種報道などを加筆修正

　あった。その一方で、このような背水の陣のEVシフトといえども、価格競争力や充電ステーションなどのインフラ整備に課題があり、EV普及が加速度的には進まない状況がしばらく続いていた。

　しかし、ここに来て各国政府の政策が低炭素化から脱炭素へと、より強い環境政策を打ち出すことにシフトしている。もともと2016年以降、ドイツ、英国、フランスといった国はガソリン車やディーゼル

車を将来的に販売禁止にする大胆な政策目標を掲げてきた。また、強力にEV化を推進する中国は、蓄電池のコストダウンへ向けた補助金、指導はもちろん、都市・地域によっては強制力を伴う新車販売のEV化政策を展開していた。

さらに、2020年代に入り、2050年に向けたカーボンニュートラル政策が各国から次々と打ち出される中、脱ガソリンの流れをこれまで以上に加速する動きが出てきている。これまでも2020年から2040年の間にガソリン・ディーゼル車の新車販売を禁止するターゲットイヤーを置いた国は多いが、クルマの平均的な使用期間を差し引いた上で2050年にゼロカーボンを実現するためには、英国のようにターゲットイヤーをさらに前倒したり、これまで明確なターゲットイヤーを設けていなかった日本のような国も、この動きに合流する必要が出てきたのである。

今回のムーブメントには、脱ガソリンの流れが不可逆的なものになりつつある中で、これまでEVとライバル関係にあったエコカーですら長期的には排除される方向性が打ち出されていることも特徴である。高燃費の軽自動車やハイブリッド車も、消費量の多寡はあるもののガソリンを燃焼することには変わりはなく、EV以外の選択に関して各自動車メーカーが自社の思惑や意志ではコントロールできない状況に追い込まれつつある。こうした情勢から、欧米勢を中心とした自動車メーカーは、より具体的な数値目標を掲げてこれまで以上に大胆なEVシフトへの舵を切り始めている。

一方で、このような急激なEVシフトのフィージビリティ（実現可能性）については、根拠を持って推し進められているのかという疑問

## 図6-3 ▶▶▶ 各自動車メーカーのEV対応状況

| 自動車メーカー | | アナウンスされた目標・戦略など |
|---|---|---|
| 日 | トヨタ | ●2020年代前半に10車種以上のEV投入を計画<br>●2020年12月、超小型EV「C+pod（シーポッド）」を法人・自治体向けに発売開始 |
| 日 | スバル | ●2020年代前半にトヨタと共同開発のEVによるSUVを投入予定 |
| 日 | 日産 | ●2023年度中に8車種以上のEV投入を計画<br>●2021年にEVの軽自動車 |
| 日 | ホンダ | ●2020年10月、小型EV「ホンダe」発売<br>●2040年に新車販売は電動車のみ、脱エンジンへ移行 |
| 日 | マツダ | ●2021年1月、初の量産EV「MX-30 EV MODEL」を発売開始<br>●2022年前半にロータリーエンジンを発電に用いるEVを投入予定 |
| 独 | VW | ●2025年にEVの世界販売比率を20%前後に<br>●今後5年間でEVとソフトウエア開発に620億ユーロ（約7兆8,000億円）を投資 |
| 米 | GM | ●2020年に19年比2.5倍の約22万台のEVを販売<br>●2025年までにEVを全世界で30車種投入<br>●2035年までに乗用車をすべて |
| 米 | フォード | ●2021年後半にEVのマスタング・マッハEを中国で生産開始<br>●2022年までにEV開発費に115億ドル（約1兆2,000億円）を投資 |
| 米 | テスラ | ●2020年に19年比1.36倍の約50万台のEVを販売<br>●2022年までに年間生産台数100万台超の体制へ<br>●2023年にバッテリー内製化などにより低価格EV（\$25,000≒260万円）を販売開始予定 |
| 中 | BYD | ●EVは各種乗用車、バスなどで既に多角展開<br>●トヨタ、日野、TRATON（VWの商用車ブランド）とJVや戦略的パートナーシップで協業<br>●2020年後半、欧州市場に小型商用車、トラック（7.5tと19t）にEV投入予定 |
| 韓 | 現代 | ●2025年までにEVを23車種投入し、年間販売台数を100万台に<br>●IT企業のEV下請け生産を志向 |

（出所）各社プレスリリース、各種報道などから筆者作成

が依然として大きくある。これは電池に使用するリチウムやコバルト
などの資源争奪戦が激しくなっていることに加え、充電スタンドなど

のインフラ整備が追いつくのかという指摘も根強く、特に新興国での整備については白紙に近い状態にあるためである。

　最後にEVベンチャーの活況については、特に米カリフォルニア州政府の手厚い政策支援を受けた完成車分野のテスラモーターズ、充電システムのEVコネクトなど数多くのベンチャー企業が現れ、世界の投資家・関連企業から注目されている。テスラの株式時価総額は2021年2月時点で8,000億ドル（約84兆円）を超えており、大手自動車メーカー6社（GM、フォード、トヨタ、ホンダ、FCA、VW）の時価総額合計を上回っている。また、2019年第3四半期より黒字に転じているが、これはEV販売台数の大幅な伸びに加え、同州内での温室効果ガス排出枠（クレジット）の他社への販売が貢献している。数年前はテスラのビジネスモデルへの批判や、イーロン・マスクCEOの言動により同社のガバナンスを不安視する声が上がった時期もあったが、中国での現地生産開始など世界的な時流に乗って勢いを増している。

## モビリティ革命の可能性とEV

　EVがデジタル技術と絡めて大きな期待を集めているのは、ガソリン自動車などの動力代替やCO$_2$排出削減といった要素よりも、むしろデジタル技術が生み出す革新によって社会の中の自動車のあり方自体が大きく変わり、それとEVの普及が並行的に進むのではないかという、モビリティ革命とも呼ぶべき変化の可能性が論じられているからである。

代表的なものは自動車の「所有から利用へ」という流れであり、シェアリングサービスへのシフトや、ウーバー（Uber）をはじめとするIT利用の輸送需給マッチングサービスである。それらは所有を前提としていたこれまでの自動車産業や運輸産業のビジネスモデルを変えるとともに、自動車の利用コストの低下によって相対的に所得水準の低い国・地域でのモビリティサービスの裾野を大きく広げるかもしれない。加えて、自動車以外の移動手段との複合輸送サービスを提供する**MaaS（マース）**[»p.178]などの概念も登場しており、インターネットにつながる**コネクティッドカー**[»p.176]はオンデマンド型交通や最適配車などに親和性が高いことが期待されている。

　さらに自動車の知能化・IoT化が進めば、エネルギービジネスとの関連では後述のDERとして有力なデバイスになり得る。また、現在導入されつつあるセンサー・予測技術を使った安全性向上やテレマティクスを使ったサービスに加えて、高齢化時代にニーズが高まると予想される自動運転や、自動車自体が移動手段だけではなくモノ・サービスの購入や生活ソリューションの購入媒体となるプラットフォーム化が可能になるのではないかとも考えられている。

　こうした動向の結果としてEVシフトが起こる可能性が従来から論じられてきた。一方でデジタル技術活用はEV以外にも起こっており、あらゆる産業のどのようなケースでも採算性や費用対効果などの重要課題を乗り越えるティッピング・ポイント（重大変化が起こる転換点のこと）を迎えなければ、健全な普及拡大は望めない。この観点からは、EV化がサービス革新の必須条件と考えることは本末転倒であった。

　しかし、カーボンニュートラルのような、温室効果ガス排出という外

部不経済を内部化する取り組みにおける特定産業や技術の育成は、経済性に基づいた自律的な産業発展とは異なる原因やプロセスだとしても、最終的にEVが普及拡大するという結果は同じになる可能性もある。

# EVを巡る自動車産業の変革

2030年代に新車販売をすべて電動車に限定するという政策は先進各国で同様の動きのように見える。しかし、日本は電動車の中にEVやFCVに加えてハイブリッド車を加えているが、欧米に限らず世界の趨勢はハイブリッド車を外し、完全な電動車化への道を進もうとしている点で異なる。いずれの道が正しかったのかがわかるのは4半世紀以上先になるが、「安くて良い技術」である内燃機関を持つ自動車に比べて圧倒的に少ない部品点数のEVは、現状で「高くて悪い技術」であったとしても、「安くて悪い技術」に変化した時点で勝算の可能性が出てくる。これは有名な破壊的イノベーションが教えるところでもある。

あとはEV本体よりも、ネットワークでデファクト・スタンダードを握るのが誰かに競争の争点が移る可能性がある。急速充電の規格については、電池と充電器を接続するプラグ形状や通信規格が異なるいくつかのタイプがあり、現在破竹の勢いのテスラが独自規格を持ち、これに欧米自動車メーカーのCCS（コンボコネクター）、中国の国家規格GB／T、日本のCHAdeMOが覇を争う構図になっている。内燃機関からEVへの変遷は、コンピューターでいえばメインフレーム機からPCへの変遷に例えられることもあるが、独自規格で閉鎖系エコシ

ステムを築いたアップルとIBM互換機の恩恵を受けたマイクロソフトの各戦略と相似形になる可能性もある。

後者の場合、技術ハードルが一気に下がるEV製造においては、従来の大手自動車メーカーに限られることはなく、様々な異業種からの参入や中国勢を中心とした新興勢力興隆の兆しが既に見え始めている。中国では現地生産のテスラが販売台数を伸ばし続ける傍らで、上海汽車が1回の充電での航続距離が百数十キロメートル程度ではあるものの、約3万元(約49万円)程で購入できる小型EV「宏光ミニEV」を発売し、販売を大きく伸ばしている。

また、異業種からの新規参入としてはソニー、アップル、百度などのIT関連企業が試作車を公表している。これら企業の本業において、EMS(電子機器の受託生産サービス)を駆使することは普通の戦略であり、自社で量産体制を構築する可能性が低いことから、既存の自動車メーカーがOEM(委託者ブランド名製造)を行うとも見られている。設計・開発と生産が別々の企業が担う「水平分業」が可能なことも、モジュール化に馴染むEVの特徴である。

EV新興勢力において中国勢だけではなく、例えばベトナムの最大財閥であるビングループが2021年11月からEVの製造販売を同国内で開始し、翌年には欧米への輸出予定も表明している。これらの兆しだけを見ても、世界の自動車製造販売における業界構図やサプライチェーンのあり方が大きく変わることが予感される。

さらに、小型・超小型EVがMaaSやライドシェアサービスとともに浸透し、EVによるパーソナルモビリティ化が進むとの見方もある。こうした動きは高齢化や過疎地における公共交通維持に関わる諸課題

を解決すると従来は考えられてきたが、2020年のコロナ禍の影響により防疫面でも注目が集まっている。また、人間の不要な移動を減らすことが省エネに貢献するため、物流以外の運輸において人の中・長距離移動が衰退した場合、既存の枠組みで軽自動車のEV化などを無理に推し進める必要もなくなる。移動の近距離化がモビリティにおけるパーソナルモビリティ化を後押しすることで、クルマの使い方が根本から変わる可能性もあるからだ。

　何れにしても、2020年代以降のモビリティのあり方について、大きな変革が起こることは間違いない。

# EVのエネルギービジネスへのインパクト

　EVがどの程度の早さで普及するのか、あるいはデジタル技術の革新が引き起こすモビリティ革命はどの程度か、といったことの正確な見通しは困難だが、EVが普及することによるエネルギービジネスへのインパクトを考えてみる必要はある。

　EVの普及拡大による電力需要への影響は、日本においてはこれまで小さいと考えられていた。乗用車の1日当たりの走行距離が現在と変わらなければ、従来の経済産業省のロードマップのEV普及率によれば、2030年の拡大効果はせいぜい全体の1％台と計算されていた。しかし、ロードマップは新政策に沿って見直しが必要となる。他方、米カリフォルニア州や英国では発電設備の予備力が不足ぎみであることに加え、EVの普及目標が高いこと、自動車の1日あたりの走行距離

が日本よりもはるかに長いことから、昼間の需要ピーク時の設備余力不足が将来的な課題として挙げられている。

次に普及したEVのDERとしての価値はどのようなものだろうか。EVの蓄電池は通常18〜25kWhと、家庭用として販売されている蓄電池よりもはるかに大きな貯電量を持っている。もちろんそのすべてが稼働域ではないものの、瞬間的な放電能力も大きい。すなわち、DERとして使われるEVは家庭用の機器としては一番出力が大きく、調整力として使う上では動作速度や確実性の面で有力なものになり得る。

特に自動車の平均走行距離が短く、平日は自宅に駐車している自家用車が多い日本のようなケースでは、VPPのようなプラットフォームの参加調整力として優れるのはもちろん、大量に普及すれば系統全体のピークを賄える可能性さえあることになる。

もちろんEVの大量普及へのハードルは、蓄電池のコスト面＝完成車の価格、充電スピード（全固体電池の実用化がない限り、家庭用電源では長時間の充電が必須となる）、1充電当たりの走行距離（ガソリン車やハイブリッド車の走行距離がおおよそ700キロメートル以上あるのに対し、現時点で最も走行距離が長いテスラモデル3は長距離対応バッテリー仕様で500キロメートル程度）など、未だに高い。しかし、日本でいえばガソリンスタンドが消滅しかねない人口減少地域、シェアリングサービスを選択するユーザーが多い大都市集合住宅などでは、徐々にEVにシフトすることはほぼ確実であり、DERとしての活用は確実に視野に入ると認識すべきである。

実際、至近の動向を挙げると、2014年5月に設立された日本充電サービスの事業を引き継いだ、東京電力ホールディングスと中部電力によ

るe-Mobility Powerが公衆充電スタンドの大幅増強を打ち出し、関西電力が法人用EVリース事業への参入を表明するなど、日本の電力各社のEV導入関連の取り組みも加速してきている。また、EV充電器導入の際の大きなハードルとなるkW料金についても、指定時間の充電ならばkW料金がかからない**需要側コネクト&マネージ**[**»p.176**]の仕組みも検討されつつある。

# EV充電サービスへのエネルギー企業の対応

　EVと電力システム、という意味で独自の発展・EV普及を見せているのが欧州諸国である。欧州では風力の大量導入により、その優先給電によって当日市場価格が大きく変動しており、EV購入者のための充電設備設置、市場価格と連動した充電時間最適化のサービスが重要になっている。これらの充電最適化ベンチャーはそれぞれエネルギー小売大手の出資または連携を受けており、その資金調達規模も2015年から2020年にかけて数倍のペースで伸びている（米CB INSIGHTS調べ）。英国やオランダではこうしたEVへの対応が小売会社の競争力ともかかわるようになってきている**（図6-4参照）**。

　日本の場合、2021年時点でEV転換が本格化しておらず、時間前市場を利用した充電最適化ができる状況になってはいないが、国内勢では三菱商事がOVOに、東京ガスがOctopusエナジーに、それぞれ英国のEV充電サービスプラットフォームを持つ企業への出資を行っている。

**図 6-4** ▶▶▶ 欧州のEV充電制御ベンチャーの活躍（当日電力取引市場）

●欧州各国では、EVの購入サポート（完成車メーカーと顧客の橋渡し）、充電器販売、充電時間最適化、電気料金との組み合わせサービス等を行うベンチャーや新進電力会社が台頭。

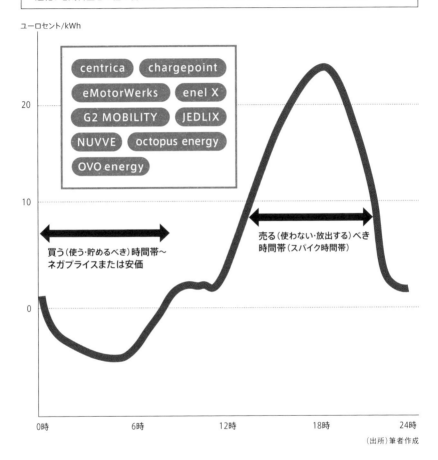

ユーロセント/kWh

centrica　chargepoint
eMotorWerks　enel X
G2 MOBILITY　JEDLIX
NUVVE　octopus energy
OVO energy

買う（使う・貯めるべき）時間帯〜
ネガプライスまたは安価

売る（使わない・放出する）べき
時間帯（スパイク時間帯）

0時　　　6時　　　12時　　　18時　　　24時

（出所）筆者作成

## CASE
【 Connected, Autonomous, Shared&Service, Electric 】

　Connected（コネクティッド）、Autonomous（自動運転）、Shared&Services（シェアリングとサービス、または単にシェアリングを指す）、Electric（電動化）の4つの頭文字を取った造語のことで、自動車産業の大変革を象徴する言葉として用いられている。

　2016年のパリモーターショーにおいて、ディーター・ツェッチェ（Dieter Zetsche）ダイムラー AG CEO兼メルセデスベンツ会長が発表した中長期経営戦略で用いたのが始まり。その後、CASE革命などと呼ばれバズワード化したが、2020年頃まではEV普及率が上昇しないことなどを背景にCASEは本当に革命なのかと疑問が呈されることも多かった。

　しかし、先進各国がカーボンニュートラルに向けて舵を切る中、EVを含む電動車への完全移行は否応なしの状況となっており、CASE革命が実現するリアリティも高まっている。

## 電気自動車（EV）
【 EV=Electric Vehicle 】

　電気をエネルギー源とし、搭載されている蓄電池（バッテリー）へあらかじめ充電することによって電動機（モーター）を動力源として走行する自動車のこと。

　ハイブリッド車やプラグイン・ハイブリッド車との区別のために「バッテリーEV（BEV）」という表現を使うこともある。また、最初から電気自動車専用として設計されたものを「ピュアEV」、ガソリンエンジンなどの内燃機関を搭載する前提で設計された車両の動力源をモーターに転換したものを「コンバートEV」と呼ぶ。なお、架線集電方式のトロリーバスは無軌条電車ともいい、電気自動車とは区別される。

...

# ハイブリッド車（HV／HEV）

【 HV=Hybrid Vehicle／HEV=Hybrid Electric Vehicle 】

2つ以上の動力源を持つ自動車のこと。このうち、自動車に限らない車両全般をHVといい、自動車で化石燃料を使ったエンジンと電動モーターを併用した自動車をHEVと呼ぶ。

エンジンとモーターが協調して働き、エンジンとモーターの最適制御を可能にするパラレル型ハイブリッド（トヨタのTHSなど）と、エンジンで発電してその電気を使ってモーター走行するシリーズ型ハイブリッド（日産のe-POWERなど）があり、ともに電気を貯蔵する蓄電池を持つ。

# プラグイン・ハイブリッド車（PHV／PHEV）

【 PHV=Plug-in Hybrid Vehicle／PHEV=Plug-in Hybrid Electric Vehicle 】

ハイブリッド車のうち電源と接続して充電する、より大きなバッテリーを備えた自動車のこと。PHVまたはPHEVとも呼ばれる。

電気だけで走る距離が長くなり、単純計算としての燃費（走行距離／投入化石燃料）が高く、$CO_2$排出量が小さくなる一方、ハイブリッド車よりも容量の大きいバッテリーを搭載することが一般的であるため、バッテリーのコストによって価格は高くなる傾向がある。

# 燃料電池自動車（FCV）

【 FCV=Fuel Cell Vehicle 】

水素などの燃料をエネルギー源とした燃料電池によって（水素と酸素の化学反応により）発電することで電動機（モーター）を動力源とする自動車のこと。

FCVとも呼ぶ。EV同様、走行時に$CO_2$、CO（一酸化炭素）、NOx（窒素酸化物）、SOx（硫黄酸化物）などの大気汚染有害物質を排出しない。EVの充電時間よりも燃料充てん時間が短い一方、EVに比べて経済性は現時点で大きく劣ること、普及させるためには水素ステーションの整備が必要なことなどが課題である。

# ZEV規制

## 【 Zero Emission Vehicle Regulation 】

　自動車を販売するメーカーに対して一定比率（2005〜08年型の10%から段階的に引き上げられ、2018年型以降は16%）のゼロエミッション車（ZEV＝Zero Emission Vehicle）の販売を義務付ける米カリフォルニア州で実施中の規制のこと。

　ZEV販売数が未達の場合、不足分は罰金を支払うか他社からのクレジット購入で賄うことをルールとしている。ZEVは一般的にEV、FCVやPHV／PHEVのことを指す。実質的には、テスラのようなEVのみを販売する自動車メーカーの巨額の収入源となっていると考えられている。なお、当初はZEVのみで規制をクリアすることは難しいため、ハイブリッド車などを含めることも許容されていたが、2018年からは対象外となった。また、当初は同州内で年6万台以上を販売する大手メーカーのみが対象であったが、準大手にも対象が広がっている。

　カリフォルニア州から始まった同規制は、コロラド、コネチカット、メイン、メリーランド、マサチューセッツ、ニュージャージー、ニューヨーク、オレゴン、ロードアイランド、バーモント、ワシントンの各州が採用している。

# NEV規制とCAFC規制

## 【 New Energy Vehicle Regulation, Corporate Average Fuel Consumption Regulation 】

　電動車普及を促進するために中国におけるデュアル規制のこと。

　NEV規制とは、中国における自動車販売台数に占める新エネルギー車（New Energy Vehicle）の割合を一定以上にすることを求める規制のこと。NEVの対象はEV、FCV、PHEVであり、中国国内で年間3万台以上の生産または輸入する企業に対して、NEV販売を一定比率以上とする数値目標を設けている。その目標比率は2020年で10%であり、その後は毎年2%ずつ加算される。

　CAFC規制は、同国において販売される自動車の「企業平均燃費」を一定以上にすることを求める規制のこと。中国国内で年間2000万台以上の生産また

は輸入する企業に対して、販売する自動車の平均燃費約20km/ℓという数値目標を設けている。

　これらはデュアルクレジット規制とも呼ばれ、クレジットをポイント制で管理することが特徴。CAFCクレジットは3年先まで繰り越しが可能で、CAFC/NEVともにクレジットを企業間で取引することができる。このように数値目標に対する過不足を調整することが可能であるが、クレジットの算出方法は複雑である。

　中国汽車工業協会（中汽工）発表のデータによると、中国国内で生産または輸入を行っている自動車メーカー 100社以上のうち、NEVとCAFCの達成状況は半数程度となっている。

# 脱ガソリン
【 だつがそりん 】

　2020年に各国でガソリン車の新車販売を抑制ないしは禁止するなどで脱炭素化、カーボンニュートラルを実現するために各国で打ち出されたキャンペーンや、自動車業界に要請されている社会的ムーブメントのこと。

　国によりハイブリッド車の販売を暫定的に認めて段階的にガソリン車販売を低減させるものから、ハイブリッド車を含むガソリン車全般の販売をすべて禁止すること、および過去に打ち出した政策の実現目標年を前倒すものまで一定の幅はあるが、2050年にゼロカーボンを実現させる目標は概ね共通している。

# リチウムイオン電池
【 Lithium-ion Battery 】

　リチウムイオンが電解液を介して正極と負極の間を移動することで充電と放電を繰り返す二次電池のこと。

　1991年にソニー・エナジー・テック（現ソニーエナジー・デバイス）が世界で初めて商品化し、同社ではリチウムイオン二次電池と呼んでいる。現在のEVやプラグイン・ハイブリッド車の車載バッテリーとして主に使われている電池で、多くのEVのバッテリーでは、正極にリチウム酸化物（マンガン酸リチウム等）、負極

に炭素、電解質に有機溶媒を使っている。

# 全固体電池
### 【 All-Solid-State Battery 】

蓄電池のうち、電子が移動する電解質にセラミックなどの固体を利用して全固体化した電池のこと。

従来の液体電解質を用いるリチウムイオン電池よりもエネルギー密度を3倍程度に高めることが可能であることから高出力を発生し、より長い航続距離を実現する。さらに10分程度の急速充電も可能といわれている。

また、液体電解質は可燃性であり、液漏れを起こすことがあるのに対し、固体電解質は安全であるとされる。こうした理由から、本技術の開発はEVの本格普及の契機になると期待されている。日本はこの技術開発において優位に立っており、2020年代前半の実現を目指して開発競争が加速している。

# EV充電スタンド
### 【 Electric Car Charging Point 】

EVやプラグイン・ハイブリッド車が走行中に停止して充電するためのスタンド（地上設置型の接触式充電装置）のこと。

EV充電ステーション、EV充電スポットとも呼ばれる。ガソリンスタンドと同様、公道に面した場所に設置され、不特定多数が利用することを前提としている。大出力の急速充電スタンド（3相交流200Vで出力50kWが一般的）と普通充電スタンド（単相100Vまたは200V）に分けられる。ワイヤレス電力伝送による充電は充電スタンドには含まれない。

# SOC／SOH
【 State of Charge／State of Health 】

SOCは、蓄電池の充電率または充電状態を表すために定義された指標のこと。満充電状態を100%、完全放電状態を0%と表す。たとえば10,000mAhの電池から半分の5,000mAhを放電した場合、SOCは50%となる。

SOHは、蓄電池の劣化状態や健全度を表すために定義された指標のこと。新品の使用開始時点の満充電量を100%とした場合の、経年劣化により低下した満充電量の割合を示す。たとえば、劣化した電池のSOHが50%の場合、初期の満充電量の半分しか充電容量がないことを示す。

# ワイヤレス電力伝送
【 Wireless Energy Transfer 】

EVの普及の大きな障害である充電の手間をなくすために考えられている給電方式で、非接触電力伝送ともいう。車載バッテリー（二次電池）への給電はワイヤレス充電、非接触充電などと呼ぶ。

走行中にマイクロ波などで給電するもの（電波方式）、停止中に地中のコイルとの磁界共振で給電するもの（磁界結合方式）などが研究されている。本方式によるEVバス実証が日本をはじめ、欧米・中国の各国で盛んに行われており、一部では既に商用運転も開始されている。移動中の給電が可能となれば、EV利用の課題の一つである充電時間が解決することからここに来て注目されており、スウェーデン、イタリア、イスラエルなどで公道実証も開始されている。

# V2X
【 Vehicle to X 】

EVなどが持つ蓄電池を活用して電気をやり取りする取り組みや技術の総称のこと。EVなどを直接グリッドに連系して双方向で電力融通を行うことをV2G（Vehicle to Grid）という。

また、EVに搭載された蓄電池の電気を住宅やビルに出力して利用することを、それぞれV2H（Vehicle to Home）、V2B（Vehicle to Building）といい、全般を指してV2Xと呼ばれることが多い。出力にはパワーコンディショナーの設備が必要であり、V2Gの場合やV2H、V2B の逆潮流を行う場合は系統連系の手続きも必要となる。

　EVの蓄電池をデマンドレスポンスによるピーク削減や周波数調整に使うことを想定して検討や実証が進められている。また、自動車が外部と通信でつながることもV2Xと呼ばれる。2018年度から東北、東京、中部、九州の各電力会社が新しくV2G実証を始めている。

## コネクティッドカー
### 【 Connected Car 】

　インターネットと常時接続して、情報通信端末としての機能を有した自動車のこと。

　自動車のIT化により、自動車自体の快適性や安全性の向上が実現される。車両の状態や周辺の道路状況などのデータをセンサーで集めて分析することによる新たな価値提供が期待されている。また、自動車がネットワークに接続することで、様々な情報サービスを受けることができるようになり、事故発生時の緊急通報システム、テレマティクス保険、盗難車両追跡システムなどでの活用が期待されている。

## 需要側コネクト＆マネージ
### 【 Demand Side Connect & Manage 】

　EVなどの電気自動車など需要側リソース（蓄電池の充放電等）を有効活用し、系統の設備形成や運用を効率化する考え方、およびその方法論のこと。

　EV普及を図りつつ、配電線などの系統増強を可能な限り回避することで社会的コストを抑えることが主な目的で、具体的には、需要側で複数台の充電器が同時に充電する際、出力制御により最大消費電力を抑える、あるいはスマー

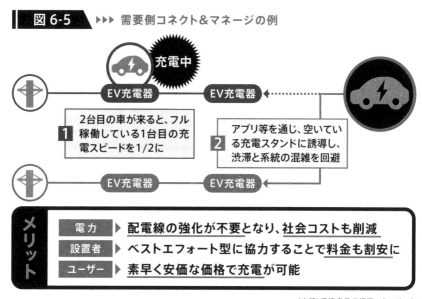

**図 6-5** ▶▶▶ 需要側コネクト＆マネージの例

充電中
EV充電器　　EV充電器

**1** 2台目の車が来ると、フル稼働している1台目の充電スピードを1/2に

**2** アプリ等を通じ、空いている充電スタンドに誘導し、渋滞と系統の混雑を回避

**メリット**

| 電力 | ▶ 配電線の強化が不要となり、社会コストも削減 |
| 設置者 | ▶ ベストエフォート型に協力することで料金も割安に |
| ユーザー | ▶ 素早く安価な価格で充電が可能 |

（出所）経済産業省資源エネルギー庁

トフォンや車載システムに搭載されたアプリケーションにより、EVを空いている充電ステーションに誘導することなどがそれにあたる。

# 充電ネットワーク管理プラットフォーム
【 Charging Station Network Management Platform 】

　点である電動車向け充電ステーションを面的なネットワークとして運用・管理するプラットフォーム、およびそれを支えるシステム群のこと。

　1回の充電で走行できる航続距離が不安視されるEV普及に不可欠となるのは充電網の拡充である。現在、世界中で自動車製造関連企業、充電器製造企業やエネルギー企業などとEV充電インフラ関連のスタートアップ企業、さらに充電ステーションを設置することで本業の売上につなげたい不動産、流通、外食企業なども加わり、出資関係やアライアンスを築いて充電ステーションのネットワーク化を進めている。

　そうした動向の中で、各充電ステーションの最適運用や管理などを行うプラッ

トフォーム構築が近年注目されている。電気事業者ではフィンランドのフォータム社がクラウドベースのSaaS（=Software as a Service）でプラットフォームの運用を実施している。

# J-Auto-ISAC
### 【 Japan Automotive Information Sharing and Analysis Center 】

　一般社団法人日本自動車工業会（通称、自工会）が、サイバーセキュリティに関する情報共有を目的として、2017年に内部組織として立ち上げた。2020年12月、別の一般社団法人として翌年4月に独立させることを公表しており、業界全体でサイバー攻撃対策を加速する。

　2020年6月の国連の自動車基準調和世界フォーラム（WP29）第181回会合で、自動運転装置とサイバーセキュリティに関する国際基準が成立しており（WP29 GRVA CS/SU Regulations）、これを基に自動車のサイバーセキュリティに関する国際標準規格「ISO/SAE21434」の策定も進んでいる。

# MaaS（マース）
### 【 Mobility as a Service 】

　MaaSとは移動や輸送のサービスを、クラウド上でワンストップかつシームレスに提供すること。

　ウーバー（Uber）に代表されるライドシェア、都市部を中心に急速な広がりを見せるカーシェアリングなど、移動手段としての乗用車の所有から利用へと、モビリティにおけるシェアリングエコノミーが徐々に浸透しているが、これらはMaaSの一種と考えられている。

　フィンランドのマース・グローバルでは、自社開発したスマートフォンアプリの「Whim」により、乗用車だけではなく、鉄道、バス、タクシー、レンタカーや自転車なども加えた複合輸送サービス（Multimodal Transport Service）の提供をヘルシンキと英国で開始している。同サービスでは経路検索とともに移動手段の予約、決済を含む一連の手配がワンストップで完結するもので、同社は

MaaSのオペレーターとして世界から注目されている。

　将来、自動運転などの技術が確立すると、人や物の輸送に関するこうした需給マッチングサービスはさらに洗練されたものになると考えられている。

# パーソナルモビリティ
【 Personal Mobility 】

　コミュニティ内での近距離移動を想定した、文字通りパーソナルな次世代移動手段、またはその概念のこと。

　歩行者と従来の移動手段の間を補完する目的で開発されるものが多く、搭乗型支援ロボットやマイクロEVと呼ばれることもある。過去にはセグウェイやエスティーバなどの超小型モビリティなどが登場したが、日本では道路交通法などの規制で公道を自由に走行することが難しく、普及には課題が多かった。

　しかし、スマートシティの検討が進んでいることもあり、高齢者や障害者の移動支援として再び注目を集めている。なお、近年は1 ～ 2名乗車の小型電動車などもパーソナルモビリティの範囲に含められることもある。

# オンデマンド型交通
【 On-demand Traffic 】

　利用者の需要（要求）に応じて移動手段を提供するシステム、またはそれが提供するサービスのこと。

　オンデマンドバスや乗合タクシーなどが代表例。人口減少や過疎化などで地域公共交通が維持困難となっている地域などで注目されている。デマンド型配車サービスとしては、もともとその機能をタクシーが担っていたが、料金が高いという課題がある一方、海外で普及しているUberやGrabなどは道路運送法などの規制で国内では普及していないこともあり、こうした取り組みが過疎地などのニーズを補完していると考えられる。

　MaaSにおいてもサービスの一部に取り込まれる場合があるほか、モネ・テクノロジーズのオンデマンド通勤シャトルやネクスト・モビリティのAI活用オンデマ

ンドバスなど、都市部でもオンデマンド型サービスの実証が数多く進められている。

# テレマティクスサービス
【 Telematics Service 】

　自動車、移動車両へ移動体通信を用いて情報サービスを提供したり、運転実績を取得したりする双方行の仕組みのこと。

　単にテレマティクスと呼ぶこともあるが、テレマティクスとはテレコミュニケーション（電気通信）とインフォマティクス（情報処理）が掛け合わされた造語である。現時点では、天気予報、渋滞情報、事故通報や電子メールの送受信など、あくまでも個々の自動車におけるサービスでしかないが、将来的には高度道路交通システム（ITS＝Intelligent Transport Systems）との連動も視野に入っている。

# テレマティクス保険
【 Telematics Insurance 】

　テレマティクスサービスの車載端末機によって把握された運転情報の実績（走行距離、運転速度、急発進、急停止など）に応じて保険料が算定される自動車保険のこと。

　走行距離が短いと保険料が安く、長いと高くなる走行距離連動型（PAYD＝Pay As You Drive）と、運転速度が抑制されている、あるいは急発進、急停止、急ハンドルなどの危険運転がなされていないと保険料が安くなる運転行動連動型（PHYD＝Pay How You Drive）の2種類がある。

## 図 6-6　▶▶▶ 自動運転レベルの定義（J3016）の概要

| レベル | 概要 | 安全運転に係る監視、対応主体 |
|---|---|---|
| **運転者が全てあるいは一部の運転タスクを実施** | | |
| **SAE レベル0**<br>運転自動化なし | 運転者が全ての運転タスクを実施 | 運転者 |
| **SAE レベル1**<br>運転支援 | システムが前後・左右のいずれかの車両制御に係る運転タスクのサブタスクを実施 | 運転者 |
| **SAE レベル2**<br>部分運転自動化 | システムが前後・左右の両方の車両制御に係る運転タスクのサブタスクを実施 | 運転者 |
| **自動運転システムが全ての運転タスクを実施** | | |
| **SAE レベル3**<br>条件付運転自動化 | ●システムが全ての運転タスクを実施（限定領域内※）<br>●作動継続が困難な場合の運転者は、システムの介入要求などに対して、適切に応答することが期待される | システム<br>（作動継続が困難な場合は運転者） |
| **SAE レベル4**<br>高度運転自動化 | ●システムが全ての運転タスクを実施（限定領域内※）<br>●作動継続が困難な場合、利用者が応答することは期待されない | システム |
| **SAE レベル5**<br>完全運転自動化 | ●システムが全ての運転タスクを実施（限定領域内※ではない）<br>●作動継続が困難な場合、利用者が応答することは期待されない | システム |

※当該運転自動化システムが機能すべく設計されている特有の条件（地理、道路、環境、交通状況、速度や一時的な限界を含む）で、高速道路、低速交通などの運転モードを含むが、これに限らない。

（出所）内閣府「高度情報通信ネットワーク社会推進戦略本部・官民データ活用推進戦略会議」

# 自動運転車

【 Autonomous Driving Car 】

　人間による運転がなくとも自動で走行できる自動車のこと。自動運転にはドライバーが全ての運転操作を行う状態（レベル0）から、自動車の運転支援システムが一部の運転操作を行う状態（レベル1～2）、ドライバーの関与なしに走行する状態（レベル3～5）まで、運転へのドライバーの関与度合いの観点から、SAE（＝Society of Automotive Engineers）による自動運転レベルが定義されている。

　現在の市販の自動運転車はレベル3までであり、レベル4の登場は2020年代、その本格的な普及は30年代に入ってからになると考えられている。

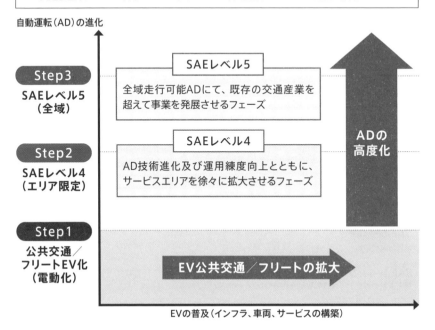

**図 6-7** ▶▶▶ モビリティ進化のロードマップ（イメージ）

- ●今後のモビリティ基盤となる「電動化」の実現に向け、公共交通やフリートのEV化を徹底推進
- ●EV交通基盤（インフラ、車両、サービス）をベースに自動運転モビリティの進化を推進

自動運転（AD）の進化

**Step3**
SAEレベル5
（全域）

**Step2**
SAEレベル4
（エリア限定）

**Step1**
公共交通／
フリートEV化
（電動化）

SAEレベル5

全域走行可能ADにて、既存の交通産業を
超えて事業を発展させるフェーズ

SAEレベル4

AD技術進化及び運用練度向上とともに、
サービスエリアを徐々に拡大させるフェーズ

ADの
高度化

EV公共交通／フリートの拡大

EVの普及（インフラ、車両、サービスの構築）

（注）フリートは商用車を意味する　　　（出所）二見徹「モビリティ進化のロードマップ（電動化、自動化）」を筆者加筆修正

---

KEY
WORD

# オートウェア

【 Autoware 】

　日本発の自動運転用オープンソースソフトウェア（OSS＝Open Source Software）のこと。

　LinuxとROS（＝Robot Operating System）をベースとしており、OSSとはソースコードの利用にあたり、その目的を問わずに使用、調査、再利用、修正、拡張、再配布などが可能なソフトウェアの総称である。オートウェアの開発者が創業したスタートアップ企業ティアフォー（名古屋市）が中心となって国際業界団体「オートウェア・ファンデーション」が設立されており、加盟する米インテル、

英アーム、韓国LG電子などと自動運転の基本ソフト（OS）の共同開発を進めている。

　公開されているソースコードは、以前はGitHubで公開されていたが、現在はGitLabへ移行している。米グーグルの親会社アルファベット傘下のウェイモ（Waymo）などと比較すると後発ではあるものの、元祖OSSのコンピューターOSであるLinuxの自動運転テクノロジー版ともいえる開発スタイルは世界から注目を集めている。

# 組み込みOS
## 【 Embedded Operation System 】

　特定の目的に特化した機能を持つオペレーティングシステム（OS）のこと。代表的なものにITRON、VxWorks、LynxOS、QNXなどがある。

　パソコンで用いられるWindows、MacOSやLinuxなどの汎用OSとは異なり、家電製品などのデバイスに多く組み込まれている。近年ではハードウェアの低価格化の波に押され、専用の組み込みOS開発よりも、汎用OSから不要機能を削除する形のデバイス設計によるカスタマイズ版の採用も増えている。

　自動車にも従来から多くの組み込みOS（Embedded Operation System）が車載制御システムとして搭載されているが、CASE革命の進展により車載用の組み込みシステムはますます大規模化・複雑化すると考えられている。

　なお、組み込みOSの多くはリアルタイム処理のためのリアルタイムOS（=Real Time Operation System）でもある。リアルタイム処理（リアルタイムシステム）はジョブの実行が命令されると、設定された時間通りにその処理を行う制御工学における概念である。

# 第7章

フィンテックは
エネルギー取引を
変えるのか

# introduction

第7章 | イントロダクション

　公共性の高い電気事業は長らくコストに基づき料金を設定する原価主
義が用いられてきた。一方、金融取引やそこで用いられるテクノロジーは
市場メカニズムによって発展してきたものであり、両者のこれまでの関
係性は薄かった。しかし、エネルギー産業の規制改革が市場メカニズムの
導入という側面を持つ以上、その帰結としてエネルギー市場が部分的に
金融市場化することは必然である。フィンテックはエネルギー産業での
市場メカニズム浸透にともない、取引や決済などに応用される可能性が

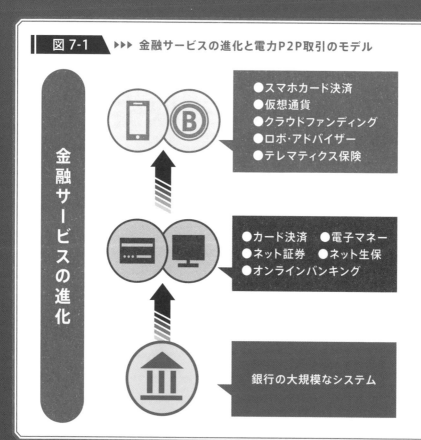

図 7-1 ▶▶▶ 金融サービスの進化と電力P2P取引のモデル

金融サービスの進化

- ●スマホカード決済
- ●仮想通貨
- ●クラウドファンディング
- ●ロボ・アドバイザー
- ●テレマティクス保険

- ●カード決済　●電子マネー
- ●ネット証券　●ネット生保
- ●オンラインバンキング

銀行の大規模なシステム

高く、ブロックチェーンなどのフィンテック関連技術のエネルギー産業への応用も試みられている。一方、フィンテックによる金融機能のアンバンドリング同様、エネルギー産業でも従来型ビジネスモデルの枠外でのテクノロジー進化により、発送電分離にとどまらないビジネスモデルのアンバンドリングが起こり得る。この点では電力と金融の構造は似ており、これらは最終的に各社の経営戦略に大きな影響を及ぼすものと考えられる。

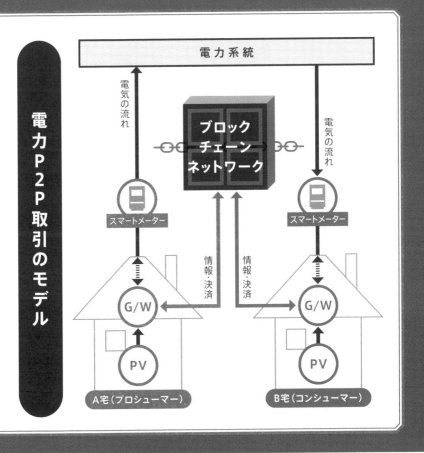

# デジタルテクノロジーが
# 金融にもたらした産業変革

　フィンテックという言葉が今のように広く知られる以前から、IT を活用した新しい金融サービスは生まれていた。例えば、この分野の老舗といえば1990年代に誕生したオンライン決済システムの「ペイパル」を挙げることができるが、こうした動きに刺激を受け、新たな金融サービスを提供するテックベンチャーが続々と現れた。そして、決済関連サービスだけではなく、送金、貸付、資金調達・運用、資産運用・管理などの幅広い金融・アセットマネジメント分野でフィンテック企業群を形成して行ったのである。

## ▌ 図 7-2　▶▶▶ 金融のバリューチェーン

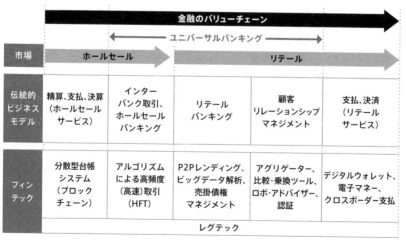

| 市場 | ホールセール | | リテール | | |
|---|---|---|---|---|---|
| 伝統的ビジネスモデル | 精算、支払、決算（ホールセールサービス） | インターバンク取引、ホールセールバンキング | リテールバンキング | 顧客リレーションシップマネジメント | 支払、決済（リテールサービス） |
| フィンテック | 分散型台帳システム（ブロックチェーン） | アルゴリズムによる高頻度（高速）取引（HFT） | P2Pレンディング、ビッグデータ解析、売掛債権マネジメント | アグリゲーター、比較・乗換ツール、ロボ・アドバイザー、認証 | デジタルウォレット、電子マネー、クロスボーダー支払 |

レグテック

（出所）Bank of England［2017］「The Promise of Fin Tech」などを参考に筆者作成

リーマンショック後の金融業界の生き残りを懸けた競争もフィンテック興隆の背景として考えられるが、注目すべきはこの潮流が既存の金融ビジネスモデルを破壊し、金融機能のアンバンドリングを推し進めていることである。その結果、金融のメカニズムも可視化され、情報の非対称性の解消も進み、非金融分野のベンチャー企業や異業種からの金融産業への新規参入を容易にするという好循環も生んでいる。

　2020年の新型コロナウイルス感染拡大により、電子商取引（EC）の盛況が電子決済の増加へとつながっている。前出のペイパルやスクエア、中国のテンセント（騰訊）やアリババ系のアントグループなどは、日欧米の既存大手金融機関の収益力や株式時価総額を上回る規模に成長している。

　こうした金融のアンバンドリングに見るビジネス変革の流れは、同じ垂直統合型企業という既存のビジネスモデルを持つ電力も同じである。

## デジタルテクノロジーがもたらす
## アンバンドリングとリバンドリング

　フィンテックなどの**クロステック（xTech）**[»p.199] と呼ばれるバズワードが世の中に随分と浸透してきたが、エネテックやエネルテックという言葉が一般的に使われる状況には至っていない。しかし、こうした状況はエネルギー産業がデジタルテクノロジーの影響を免れていることを意味するものでもない。

　IoT（モノのインターネット）、データアナリティクス、電気自動車

（EV）などを扱う異業種では、エネルギーにつながるテクノロジーが多数開発されており、特に支払・決済関連ではこうしたテクノロジーがフィンテックと結び付く例も見られる。例えば、海外ではボーナス（利息）付与をインセンティブとするプリペイド方式のスマートフォン決済が、電気料金支払の手段として小売サービスの要素技術の中に取り入れられている事例もある。国内でも小売電気事業者が、ポータルサイトなどでデータアナリティクスにより最適料金プランを提案するサービス開発などの動きがある。

一方、卸側のエネルギートレーディングは、これまでも金融や他のコモディティトレーディングから様々なテクノロジーやノウハウが援

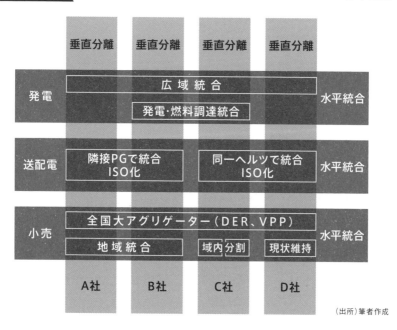

**図 7-3** ▶▶▶ **電力会社のアンバンドリング（垂直分離）とリバンドリング（水平統合）**

（出所）筆者作成

用されてきたように、求められる機能が共通している領域にはフィンテックの応用が期待できる。

　フィンテックや他のクロステック由来の最新テクノロジーが、エネルギービジネスのバリューチェーン上のペインポイント（悩みの種）に、様々なソリューションを提供しようとする取り組みは既に始まっている。例えば、フロントオフィスでの燃料取引、電力取引などの様々なエネルギー取引、それにともなうバックオフィスでの契約、資金決済、ミドルオフィスでのリスクマネジメントなどへの適用が考えられる。特にAO&T（アセット最適化とトレーディング）など、大量データと複雑な計算に基づき解を求めるような業務には、AIなどを応用したソリューションの開発が求められている。このほか、金融産業の中で広まりを見せる**レグテック（規制対応のデジタル化）**［»p.200］やサプテック（検査・監督のデジタル化）も、エネルギービジネスへ応用されることは時間の問題であろう。

　ところで、金融機能のアンバンドリングに見られたように、エネルギー産業においても要素技術別に様々なテックベンチャーが誕生したり、あるいは既存のビジネスモデルと異業種の融合などにより**ディスラプション**［»p.248］が起こったりするのだろうか。発送電分離後、例えば小売において調達側のアグリゲーターと販売側のリテイラー（小売業者）が分離するなど、レイヤー内でのさらなるアンバンドリングが進むと、地域に制約されないデジタルテクノロジーが同じサービスカテゴリーで次第に規模の経済性を追求し、広域でリバンドリングを推進することになるかもしれない。経営戦略の策定において、こうしたデジタル化の影響を考慮する時代の到来も十分に想定する必要がある。

# ブロックチェーンは
# エネルギービジネスに使えるのか

　インターネット以来の最大の発明といわれる**ブロックチェーン**[»p.201]は仮想通貨ビットコイン誕生のために生まれた技術で、従来の技術ではなし得なかった画期的な非中央集権型システムである。2014年にビットコイン交換所が破綻、2017年には仮想通貨流出事件が発生するなど、多くの課題を抱えてはいるものの、新興業者の淘汰が進み過剰投機が収束すれば、健全な発展軌道に乗るものと期待されている。実際、仮想通貨以外でのブロックチェーン活用の取り組みは、フィンテックが拡大を続ける中で巡航速度に入ったものと考えられる。

　ブロックチェーンは「帳簿(台帳)のイノベーション」とも呼ばれ、帳簿(ブロック)が鎖(チェーン)で時系列につながるイメージがその名前の由来であるが、管理者不在で不特定多数が参加できるもの(パブリック型)と、管理者の許可を得た特定の者が参加できるタイプ(プライベート型、コンソーシアム型)に大別される。

　いずれの場合も、これまで政府や金融機関などが莫大なコストをかけて管理していた台帳を、参加者がP2Pの分散型ネットワークで計算リソースを出し合い、データを共有し、取引の正当性を維持しながらまとめて更新し、情報の連鎖(チェーン)として保存、相互に持ち合うことが最大の特徴で、暗号化された**分散型台帳技術**[»p.204]がこれを支える。

　メリットとしては、連鎖構造のデータは改ざんが困難であること、

分散型のため巨大な集権型システムが不要となり、障害に強いうえに仲介手数料や管理コストが不要または安価となることなどが挙げられる。仮想通貨だけではなく、様々な財の価値移転・保存、取引履歴の共有が可能となり、さらに**スマートコントラクト**[ »p.207]による契約自動執行の機能も備える。

　既に様々なユースケースがあり、具体的には国際送金、資金調達、貴金属取引、貿易金融、電子政府、不動産登記などである。特に貿易金融では、国内外の大手金融機関が2020年に相次いで商業化に乗り出している。

　また、2019年に米フェイスブックが複数の通貨を裏付資産とする独自のデジタル通貨である「リブラ計画」を打ち上げたことにより、金融政策のコントロール権や通貨発行権、および通貨発行益（シニョリッジ）などを侵されかねない各国金融当局は、リブラに対抗する形で中央銀行デジタル通貨（CBDC）発行の検討を進めている。もっとも、この動きの前から世界最古の中央銀行であるスウェーデンのリクスバンクは、法定通貨クローネのデジタル通貨版であるeクローネ発行について検討を進めていた。

　さらに、中国の中央銀行である人民銀行は、デジタル人民元の実証実験を国内主要都市で開始しており、2022年中の実用化を目指してもいる。日本では、日本銀行が2021年に実証実験を開始する予定であるほか、大手金融機関や通信企業を中心とした約40者の連合で、デジタル通貨の共通基盤構築を目指す「デジタル通貨フォーラム」が2020年12月に設立された。後者については、電力業界から関西電力と中部電力も参画しており、民間系デジタル通貨として注目されている。

エネルギー関連ではマイクログリッドの中での再生可能エネルギーの需要家間取引や、EVチャージの課金管理を行う電子ウォレットなどへの応用例が既にある。国内でもブロックチェーン基盤を利用した再生可能エネ融通の実証も複数行われてきた。2020年に成立したエネルギー供給強靭化法における電気事業法の一部改正には、アグリゲーターライセンスの新設や電気計量制度の柔軟化などが含まれている。このように法整備が進んでいることから、IoT普及などと歩調を合わせる形でデータアナリティクス活用や電力P2P取引実現への道筋は着実に示されつつある。

一方、ブロックチェーンの電力業界への導入に向けては、計量制度や託送料金制度の見直しのほか、莫大な金額が見込まれる既存の電力ITシステムの改修費用が課題とされることについて、その状況はほとんど変わっていない。また、ここ数年で様々なメディアやリサーチ機関がブロックチェーンへのこれまでの過度な期待はピークを超えたと評価している。実際、ブロックチェーンの外にある商品などの現物を取引対象とした場合、現物の偽装や改ざんを防ぐことは困難を極め、結局、サイバー空間内で取引や契約が完結できるデジタル通貨やトークンなどが再び勢いを取り戻しつつあるだけだ。電力の場合も、計量の段階でその可能性が残るため、計量制度の柔軟化においては、金融でいう「元本価値」をいかに定義してそれを担保するのかが課題となる。こうした問題を看過したままでは、契約行為としての取引が成り立たないからだ。

このように考えると、ブロックチェーンをわざわざ採用する理由はいよいよ無くなり、電力P2P取引のために大規模な専用システムを開

発するよりも、コストが安価になる可能性が高いという以外のメリットがあまり見あたらない。さらに、ブロックチェーンの処理速度の遅さは、大量情報を処理しなければならない電力P2P取引では実装上の工夫が求められる。また、マイニングによる消費電力の大きさというデメリットまで考慮すると、残る価値は何なのかということにもなる。

## フィンテック
【 Fintech 】

　伝統的な金融サービスのビジネスモデルの枠外で、デジタルテクノロジーを駆使して従来のサービス提供にイノベーションやディスラプションをもたらそうとする企業や、そこで用いられるテクノロジー自体のことを指す。金融（Finance）とテクノロジー（Technology）を組み合わせた造語である。

　米国では2000年代前半からあった用語であるが、日本では2014年頃から広まった一種のビジネスバズワード（専門的流行語）である。また、このテクノロジーを用いて、伝統的な金融サービス企業の競争優位性を改善する、さらには消費者や企業などの顧客側における財務行動や金融機能活用の向上を目指す企業なども含まれる。

## ネット決済サービスとモバイルペイメント
【 Online Payment Service／Mobile Payment 】

　ネット決済サービスとは、インターネット上での電子商取引（EC）における支払・決済を提供するサービスのことで、決済手段としては以前からクレジットカード、デビットカード、電子マネー、通信事業者の代金収納（キャリア課金）、銀行ネット決済などが用いられてきた。ペイパルのようにクレジットカード情報を一度登録しておけば、各店舗決済でこれらの情報を入力する必要のないものも含まれる。

　モバイルペイメントとは、主にスマートフォンによる支払決済のことを指すが、従来の店頭での支払手段として利用するものに加え、近年増加しているスマートフォン上のオンラインショッピングでの支払のことも含む。決済手段としては、従来の交通系・EC系電子マネーやクレジットカードなどFeliCa（フェリカ）規格のもの、最近ではアップルペイ（Apple Pay）など店舗側とカード情報をやり取りしない方式があるほか、あらかじめクレジットカードを登録した上でペイメント

サービスを提供するものもある。

こうしたサービスはクレジットカード決済の際に必要なCAT（Credit Authorization Terminal）端末設置の必要がなく、より安価な端末が利用できるため、徐々に広がりつつある。一方、中国系ECではスマートフォン画面上にQRコードを提示する方式の決済手段も増えており、グローバル展開での主流はこちらとの見方もある。

# ペイパル
### 【 PayPal 】

シリコンバレーで大きな影響力を持つ起業家ピーター・ティールが1998年に創業したコンフィニティが立ち上げた電子決済サービス。その後、テスラのイーロン・マスクが創業したX.comやモバイル商取引のPixoと合併し、2001年に社名もペイパル（PayPal Inc.）となった。

インターネットとeメールアカウントを活用した画期的な支払サービスを提供して成長したペイパルは、取引相手との金銭授受を代行するため、クレジットカードや銀行口座の番号を取引ごとに知らせる必要がない。2002年にインターネットオークション最大手のeBayに買収され子会社となっていたが、2015年に再び独立した（PayPal Holdings Inc.）。

元社員数名が2005年にYouTubeを創業するなど、ペイパルはシリコンバレー・スタートアップ企業の象徴的存在でもある。欧米系決済フィンテックが仮想通貨市場へ相次ぎ参入する中、ペイパルも2020年10月に仮想通貨による決済サービス提供を開始すると公表している。

# 金融機能のアンバンドリング
### 【 きんゆうきのうのあんばんどりんぐ 】

従来はデリバティブ（金融派生商品）が資金運用・融資におけるリスクを金利やクレジット（信用）などにアンバンドルし、それぞれを個別に取引できるようにした状態を指した。これがICTの発達や情報処理コストの低下をとおしてあら

ゆる金融機能・商品に波及した結果、フィンテックが金融機能のアンバンドリングを推進する構図となった。

欧州のユニバーサルバンキングをその最たるものとして、世界の伝統的金融機関の多くは複合機能を有しているが、これらが提供しているフルラインでのサービス提供を行うタイプのフィンテック企業は現れてはおらず、多くは金融のバリューチェーン上の特定機能にフォーカスしている。

よって、フィンテック企業の多くは独立した単一機能かつデジタルテクノロジーを用い、銀行、証券や保険が一体で提供してきたサービスをアンバンドリングし、各サービスの高付加価値化を狙う。その結果として、革新的な金融商品やサービスが次々と誕生している。

## HFT
### 【 High Frequency Trading 】

1秒に満たないミリ秒単位の超短時間の間に、取引手順などを組み込んだプログラムにより高頻度かつ高速の取引を自動的に執行すること、またはそのシステム。日本語では高頻度取引、または高速取引（Hight Speed Trading=HST）とも呼ばれる。

頻度や高速の程度についての明確な定義はないが、ハイスペックの演算能力を持つコンピューター上でアルゴリズムを実行することにより、市況を自動的に判断し、自己ポジションを調整する取引戦略でもある。多くは売り買い両方のオーダーを市場に示すマーケットメーカーが先物取引などにおいて用いるが（マーケットメイキング・アルゴリズム）、異なる市場の同一商品の価格差を裁定する取引などにも用いられる（裁定アルゴリズム、レイテンシー裁定）。10年ほど前にピークを迎え、その後は費用対効果が常に課題となって、近年は減少傾向にある。

## モバイルバンク
### 【 Mobile Bank 】

スマートフォン上のアプリケーションで提供される銀行サービスのこと。インタ

ーネットを介したものは、以前からインターネットバンキングとして一般化しているが、スマートフォンの普及に従い、そこに搭載されるアプリケーションから簡便に取引できるサービスが増加してきた。

　海外では、フィンテックを駆使して革新的なサービスを提供し、手数料においても価格破壊を引き起こすなど、既存の大手銀行の存在を脅かしかねない勢力となりつつある。たとえば、英国では2010年に約100年ぶりに銀行免許を取得した新規参入のMetro Bankが現れ、以降の新設銀行を既存大手銀行に対してチャレンジャーバンクと呼ぶが、2015年にはリアル支店を一切持たないモバイル特化型のアプリケーション専業銀行Atom Bankが登場した（デジタルバンクとも呼ばれる）。さらに銀行免許を持たず、他行から免許を借りる形で金融サービスを提供するネオバンクと呼ばれる形態も登場しており、銀行免許取得にハードルの高い米国などではこのタイプが一般的となっている。

　フィンテックベンチャーとして英国で創業したRevolutは、アプリケーション専業銀行であるが、銀行免許を取得せずにネオバンクとして営業している（2018年に欧州中央銀行から銀行免許を取得したが、2021年1月現在英国では申請中）。2020年には日本市場にも参入したが、日本では銀行免許未取得の資金移動事業者であることから、預金保護制度が適用されないことへの措置として保証金制度を利用しており、楽天銀行との間で保証契約を締結している。

# クロステック
【xTech】

　フィンテックを端緒に、様々な業界・業種のビジネスシーンにおけるデジタルトランスフォーメーションや、デジタルテクノロジー活用により商品・サービスにイノベーションを起こそうとする取り組みをイメージした造語。または、クロステック（xTech）のxに業界名や商品名が代入されて流布しているデジタル化のトレンドを象徴する言葉の総称。

　例えば、金融産業の中でも保険であればインステック、IoT活用が広まりつつある農業ではアグリテックなどと呼ばれている。経済紙系IT情報サイトが命名したとの説がある。

# レグテック
## 【 RegTech 】

　金融当局への規制対応関連の報告、法令遵守の簡素化・合理化や、従業員や顧客による不正行為防止のために、デジタルテクノロジーを活用したサービスを提供する企業やその技術のことを指す。規制（Regulation）と技術（Technology）を組み合わせた造語であり、フィンテックの一部と考えられている。

　複雑化する金融規制対応への生産性を高め、法令遵守の膨大なコストを削減するため、ロボティクスによる自動化処理などを活用して、従来は人が行っていた書類作成業務を簡素化する。そのため、金融機関だけではなく、規制当局においても、規制や監視を実施するコストの低減につながると考えられている。特に不正行為や違法取引などの発見においては、AI（人工知能）の活用などによって、従来は人手をかけても検出が難しかったレベルの事案にも対応できることが期待されている。このようにレグテックは、フィンテックの基盤を支えるインフラでもある。

# デジタル通貨
## 【 Digital Currency 】

　紙幣やコインなどの物理的（フィジカル）な現金通貨ではなく、デジタルデータに変換された代用貨幣のこと。電子マネーから仮想通貨まで、データ化された通貨のことを包括的に指すが、明確な定義があるわけでもない。

　電子マネーは法定通貨をデータで記録して現金の代わりに使用できるデジタル通貨であるが、トークンや仮想通貨の多くは法定通貨をベースにしていない。中央銀行が発行を検討しているCBDC（=Central Bank Digital Currency）は、実現すれば法定通貨としてのデジタル通貨になる。

　フェイスブックが検討しているディエム（旧リブラ）は法定通貨を裏付資産として、セキュリティトークンは有価証券などを裏付資産としているが、これらは全て法定通貨とは異なる。従って、デジタル通貨に明確な定義はないものの、法定通貨を基準としているかどうかでその性質は大きく異なることになる。

# 仮想通貨
【 Virtual Currency 】

　仮想通貨は、デジタル通貨の一種であり、電子マネーやトークンと同様に代用貨幣の一種であるが、中央銀行などの通貨当局が発行する法定通貨とは異なり、多くは裏付資産を持たない。バーチャルコミュニティ内で取引されることから各種規制が及ばない点などが問題視される中、日本では2017年以降に仮想通貨取引所で不正流出事故が相次いだため、ルールや制度整備を目的として、2019年5月に金融商品取引法と資金決済法が改正されている。

　暗号通貨は、仮想通貨の一つであり暗号理論を用いて取引の安全性を高めている。統制や管理が、電子マネーなどの集中型とは対照的に分散型である。数多くの暗号通貨が発行されてきたが、初の分散型暗号通貨がビットコインであるといわれている。

　ビットコインは、その基盤技術である分散型台帳ブロックチェーンという取引データベースにより自律分散型の統制を実現している。通貨単位はbitcoin（ビットコイン）であり、記号はBTCなどである。また、mBTC（ミリ・ビットコイン）などの補助単位もある。

　オルトコインは、alternative bitcoin（オルタナティブ・ビットコイン）の略称であるが、ビットコイン以外の分散型暗号通貨の総称であり、ブロックチェーン技術の改良や進化を基に数多く生まれている。代表的なオルトコインにはリップル、ライトコイン、イーサなどがある。

# ブロックチェーン
【 Block Chain 】

　分散型ネットワークの参加者が取引データなどの履歴情報を相互に分散して保管し、参加者間の合意形成により記録データの正当性を担保する仕組み、または分散型台帳技術（DLT）自体のことを指す。

　電子的に集約したデータの単位（ブロック）を、鎖（チェーン）のように連結してデータを組成することが名称の由来である。Satoshi Nakamotoという未確認

人物または集団により開発されたといわれており、ビットコインの基盤技術をベースとしている。各ブロックには前後のブロックに連なる情報が含まれており、一度記録すると時系列上の過去データに遡及的変更を加えることが理論上できない。こうしたブロックチェーンデータベースは、P2Pネットワークと分散型タイムスタンプサーバーの使用により、自律分散型で管理される。

　フィンテックに応用されるケースでは独占や資金洗浄の危険が指摘されることもあり、中央銀行の法定通貨に代わる電子通貨では非分散型で管理者が認めた参加者のみのブロックチェーンが検討されている。

# ブロックチェーンの利用段階
【 ぶろっくちぇーんのりようだんかい 】

　ブロックチェーンは利用目的の広がりに合わせて1.0〜3.0まで3つの段階に分類される。

　ブロックチェーン1.0はブロックチェーン技術の仮想通貨での利用段階のことを指す。

　ブロックチェーン2.0はブロックチェーン技術の仮想通貨以外の金融分野での利用段階のことを指し、一定の条件が整うと自動的に契約が履行されるようなスマートコントラクトなどを活用した契約行為への応用などを含む。

　ブロックチェーン3.0は金融分野以外での利用段階を指し、基本的にはライフ

**■ 図 7-4** ▶▶▶ ブロックチェーンの利用段階

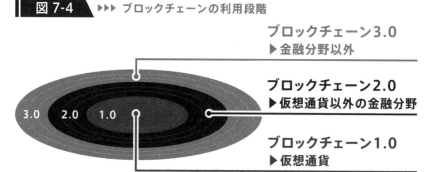

(出所)筆者作成

スタイル全般を対象としており、民間企業だけでなく公的分野への応用なども含む。エネルギー分野への応用はこの段階が該当する。

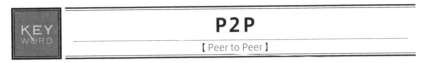

# P2P
【 Peer to Peer 】

　ネットワークに接続された複数のコンピューター間で通信を行う仕組み。Peer（ピア）はある通信プロトコルでデータを交換する2台のコンピューターの対、または一方のコンピューターから見た相手側のコンピューターのことである。

　ピア同士が対等に通信を行うため、ネットワークへのコンピューターの接続台数が膨大となっても、特定のコンピューターへのアクセス集中が起きにくいという構造上の特徴がある。

　P2P型に対置される用語がクライアントサーバー型である。ネットワークに接続されたコンピューターに対してクライアントとサーバーに役割と機能を分離し

**図 7-5** ▶▶▶ P2P型とクライアントサーバー型の違い

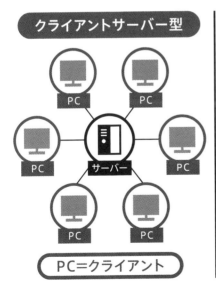

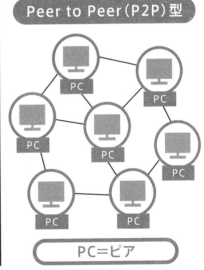

（出所）筆者作成

ており、通常は複数のクライアントに対してサーバーは1台となり、クライアント間の通信はサーバーを介して行う。そのため、クライアントの数が膨大になると、サーバーや通信回線に負荷がかかりアクセス集中が起きやすい。

# 分散型台帳技術（DLT）

【 DLT=Distributed Ledger Technology 】

　台帳管理を特定の機関に委ねる「集中型」のシステムに対し、インターネット上のあるコミュニティの参加者が基本的に同じ台帳を共有する「分散型」のシステムにより、通貨などの資産の所有権の帰属やその移転などを電子的に記録し、これらの履歴情報の改ざんを不可能とする台帳管理技術のこと。

　分散型台帳はブロックチェーンとともに仮想通貨の基盤技術として登場したが、仮想通貨以外のブロックチェーン利用が広がるにつれ、分散型台帳技術は

**┃ 図 7-6 ▶▶▶ 分散型台帳技術のしくみ**

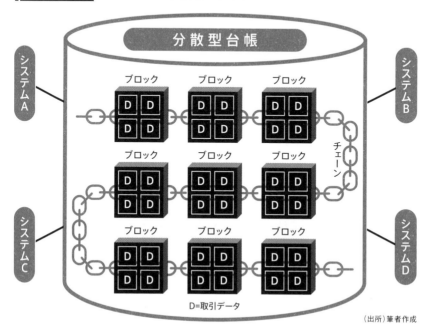

（出所）筆者作成

広義のブロックチェーン技術として、特に複数の組織が連携する領域での取引
などに利用が拡大している。

# マイニング

【 Mining 】

　仮想通貨において新しいブロックを生成した参加者が報酬として仮想通貨を
受け取る仕組み（仮想通貨マイニング）のことを指す。仮想通貨を獲得する手段
の一つ。マイニングには「採掘」、「採鉱」などの意味があり、一連の作業が採掘
に例えられたのが名前の由来である。

　仮想通貨はすべての取引記録を台帳に記録しているが、新しいブロック生成
のためには膨大な取引記録の承認が必要となり、このためには数学的な計算
課題（Proof of Work）を解く必要がある。このために多くのコンピューターリソ
ースと電気代が必要となり、それらを提供した参加者への報酬として仮想通貨
が支払われる。

# イニシャル・コイン・オファリング（ICO）

【 ICO=Initial Coin Offering 】

　企業などによるブロックチェーンを活用した資金調達のこと。

　デジタルトークン（コイン）を発行し、投資家などから資金調達を行う。対価と
して仮想通貨などが払い込まれることが多く、株式公開や社債発行に比べて、
短期に大規模な資金調達を可能にしていた。また、上場後の高値売買を見込ん
だ投資家からのコイン投資の集中が、取引に利用される仮想通貨の値上がりを
誘う形にもなっていた。

　匿名取引のため、テロ組織の資金調達や麻薬組織の資金洗浄の機会を提供
することになりかねず、法的な位置付けの必要性が指摘されてきた。こうした
状況の下、不適切な案件の増加にともなって規制が厳格化されたことが影響し、
ICO実施件数は2～3年前のピーク時から大幅に減少している。

# セキュリティ・トークン・オファリング（STO）
## 【 STO=Security Token Offering 】

　企業などによるブロックチェーンを活用した資金調達の一種であるが、裏付資産となる有価証券の価値を表章したセキュリティトークンを発行することが特徴。

　裏付資産を持たないICOとは異なることから、新たな資金調達手段として注目されている。STOの裏付資産となるのは、株式や債券などの有価証券（Securities）や価値の裏付けがある現物資産などとなるため、実施する各国法令を遵守した資金調達手段となる。

　米国では証券取引委員会（SEC）への登録義務や証券法などの規制に、欧州ではEU指令に基づき各国金融当局で承認を受ける形で、それぞれSTOの発行が増加している。スイスでは中央銀行であるスイス国立銀行（SNB）とスイス証券取引所（SIX）内のデジタル取引所（SDX）が、ホールセールCBDCによるデジタル証券決済の概念実証（PoC）を共同実施している。

　日本では2020年5月に施行された「情報通信技術の進展に伴う金融取引の多様化に対応するための資金決済に関する法律等の一部を改正する法律」に「電子記録移転権利」と定義され、同年後半から公募債としての発行も実施されている。

## ▌ 図 7-7　▶▶▶ ICOとSTOの比較

|  | ICO | STO |
|---|---|---|
| 発　行 | ●デジタルトークン | ●セキュリティトークン |
| 資産性 | ●トークン自体が価値を持つ | ●有価証券などで価値を表章 |
| 規　制 | ●米証券取引委員会（SEC）は有価証券発行にあたるとして規制強化 | ●発行国の金融商品を扱う法規制に準拠<br>●日本では金融庁が「電子記録移転権利」と定義 |
| 裏付資産 | ●基本的にない | ●通貨や有価証券などの実物資産が担保となる |
| 配当等 | ●基本的にない | ●発行資産での配当付与<br>●ファンコミュニティでの権利付与<br>●株式転換権の付与 |
| その他 | ●規制整備前に活況を呈し、詐欺行為などが横行<br>●裏付資産がないため、価格下落の下値目処が見えない | ●裏付資産の価値が価格下落の目安となる |

（出所）各種資料から筆者作成

# トークン
【 Token 】

　代用貨幣から商品交換券まで幅広い意味を持ち、印（しるし）や証拠品の意味を含む、代替価値を表すもののことである。

　デジタル通貨の中でも幅広い意味を持ち、世界でも共通の定義がないが、その機能をおおまかに分類すると、①支払・決済の手段（Payment Token、Exchange Token）、②特定サービス享受・会員などの権利（Utility Token）、③資産・権利の表章（Security Token、Asset Token）、となる。日本では①と②が仮想通貨や暗号資産とも呼ばれるが、この領域の呼称上の区別は曖昧であり、③が電子記録移転権利と定義されたトークンに当たる。

# スマートコントラクト
【 Smart Contract 】

　契約内容と執行条件を事前に決め、それらをブロックチェーン上にプログラムとして書き込み、期日到来など条件が整った段階で自動的に契約を執行させる仕組みのこと。

　複雑な契約処理において第三者認証を介さず、改ざんが困難であることから取引の正当性を維持して契約を管理・実行できる。金融関連では貿易金融、資金調達（クラウドファンディング）、デリバティブ取引への応用などが試みられている。こうした契約自動執行機能はシェアリングエコノミーやIoT普及の重要な技術とも考えられており、様々な新規サービスへの応用も試みられている。

# イーサリアム
【 Ethereum 】

　スマートコントラクトや分散型アプリケーションを構築するブロックチェーン・プラットフォームの一つ。ロシア生まれカナダ育ちのヴィタリック・ブテリンが19歳の時（2013年）に考案し、オープンソース・ソフトウェア・プロジェクトであるイー

サリアム・プロジェクトにより開発が進められている。

　スマートコントラクトの履行履歴はP2Pのイーサリアム・ネットワーク上でブロックチェーンに記録されていく。ネットワーク参加者はこのブロックチェーンに任意のスマートコントラクトや分散型アプリケーションを記述し、履行や実行が可能となる。正当性の保証のため、履行結果はマイニングにより記録されるが、ネットワーク参加者へのインセンティブとしてマイニングに対する報酬が支払われるのはビットコインと同様である。

　オルトコインの一つであるイーサはイーサリアムの内部通貨であり、ビットコインに次ぐ時価総額を誇る。マイニングへの報酬として発行されるほか、スマートコントラクト履行のための手数料にも用いられる。

# ハイパーレッジャー
【 Hyperledger 】

　ハイパーレッジャーは、オープンソースの共同開発などを主催する中立の独立組織「リナックスファウンデーション（The Linux Foundation）」において、IBM主導で立ち上げたプロジェクトの名称。ハイパーレッジャー・ファブリックは同プロジェクトにおけるインキュベーション・プロジェクトの一つとして開発されたブロックチェーン向けのソフトウェアである。

　企業の利用に堪えるように設計された分散型台帳の開発にフォーカスしており、データの一貫性保持や台帳の仕組みにおいて、ビットコインやイーサリアムとは異なる工夫が施されている（コンセンサスアルゴリズムとワールドステート）。同プロジェクトには主要なテクノロジー企業やグローバル金融機関のほか、オルトコインのリップル（Ripple）も参加している。

# 電気計量制度の柔軟化
【 でんきけいりょうせいどのじゅうなんか 】

　蓄電池、電気自動車、太陽光発電機器をはじめとする分散型エネルギー資源を需給調整市場や環境価値取引に用いるためには、活用する機器分を計量する

ことが必要になる場合がある。現行の計量法ではすべての電力量の計量を伴う取引について、通常の電気事業で用いられる検定済み計量器を用いることが求められるため、設置場所・コスト面で障害になるケースがあった。2020年の電気事業法改正では、計量制度の柔軟化が盛り込まれた。

　具体的な検討として、2020年秋から開催された特定計量制度及び差分計量に係る検討ワーキンググループにおいて、特定計量器の指定精度、使用期間、特定計量機器の性能保証の主体について取りまとめられた。これを受けて2021年2月に特定計量制度及び差分計量に係る検討委員会においてガイドライン案が示された。

　新制度では太陽光発電のパワーコンディショナー（PCS）などでの電気計量などが可能となり、仕様中の公差を0.9～10%まで7段階に分け、規模に応じて届出者が選択して取引する。取引規模など当事者間のニーズに応じて選択できることから小規模DERの活用促進が期待されている。2022年4月に制度運用の開始が予定されており、省令制定に向けた準備が進められている。

# 電力P2P取引

【 Electricity Peer-to-Peer trading 】

　明確な定義はないが、分散型エネルギー資源（DER）を需要家間で直接相対取引により、コンピューターネットワークのP2Pのように自律的に取引執行することまで想定されている。この取引プラットフォーム基盤にはブロックチェーンが用いられることが多い。

　シェアリングサービスなどに例えられることもあるが、生産側では需要家が消費し切れない余剰電力をより高く売り、消費側では需要家が必要電力量を満たさない不足電力をより安く買うことにインセンティブがあるため、あくまでも市場メカニズムが働くマーケットプレイス（取引市場）である必要がある。しかし、ここでの市場均衡と電力ネットワークの需給調整とが一致するものではないため、現状で電力P2P取引と呼ばれているものは、実質的に需要家同士のCtoC取引のことを指しているに過ぎない。

# Column 03

# 電力イノベーション促進的な制度改革と残された課題

　前著となる「まるわかり電力デジタル革命キーワード250」において、「電気事業法や同時同量制度は、電力デジタルイノベーションのような環境変化を想定していない」と指摘した。その後、第7章でも述べたとおり、2020年4月の法的分離後初となる改正電気事業法が2020年6月に成立した。その中で、アグリゲーターライセンスの新設と電気計量制度が緩和されることが決まったことにより、これまでイノベーション促進を阻んできた要素のいくつかが取り除かれることとなった。

　まず、個人が電気の売り手となるような状況、あるいは環境価値を進んで選ぶ個人が事業者選択ではなく「多 対 多」取引で購入しようとするような状況に、従来の硬直的な制度ではなくなったことが挙げられる。アグリゲーターを通して、プロシューマーと呼ばれる個人の需要家さえ電気の売買が可能となるからだ。また、電気計量制度の緩和は、需要家資源となるDERの電気計量が容易となり、多くの家庭内電気機器デバイスが系統につながることに道が開ける可能性が出てきた **(図1)**。

　このような個人ベースのマイクロ取引が広まり、機会利益の最大化・機会損失の最小化をシステマティックに処理するために、電

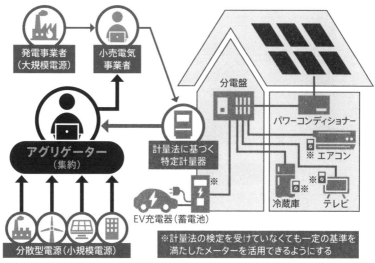

[ 図1 アグリゲーターとプロシューマーの出現 ]

発電事業者
（大規模電源）

小売電気
事業者

アグリゲーター
（集約）

計量法に基づく
特定計量器

分電盤

パワーコンディショナー

※ エアコン

冷蔵庫　　テレビ

EV充電器（蓄電池）

分散型電源（小規模電源）

※計量法の検定を受けていなくても一定の基準を
満たしたメーターを活用できるようにする

（出所）電気新聞2020年5月25日付テクノロジー&トレンド（経済産業省「強靭かつ持続可能な
電気供給体制の確立を図るための電気事業法等の一部を改正する法律案」補足説明資料に加筆修正）

力P2P取引のニーズが高まるのではないかというのが、ここ数年
来の世界の電力関係者の見方であった。例えば、擬似的な電力
P2P取引は、卒FITや太陽光発電システムの価格低下により、バ
ランシンググループ（BG）とアライアンスを組んだケースでは既に
実装に近づいていた**（図2）**。

　一連の制度改革は、さらにその可能性を高める道筋の入り口を
示している。例えば、電力P2P取引と呼ばれる「多 対 多」のマー
ケットプレイス（取引市場）は、既存のBG（託送利用者）に参加
する小売ライセンスを持つアグリゲーターの下で展開される場合、

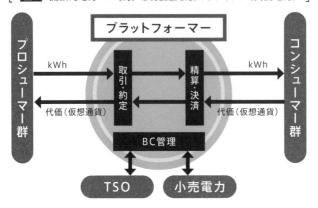

[ **図2** 擬似的電力P2P取引・環境価値取引のトライアル（関西電力） ]

（出所）石田文章「電力取引・環境価値取引のイノベーションの可能性（P2Pの例）」

P2Pプラットフォームの価値に多くの需要家が集まり、そこでバーゲニングパワーを高めて行くと、託送事業者もその存在を無視できなくなり、ウィン=ウィンのアライアンスを組む可能性も出てくる。現在進められている議論においては、こうした観点からの検討が非常に重要な論点の一つになると考えられる（**図3**）。

　最後に、P2Pプラットフォーマーが電力P2P取引をブロックチェーン活用により基盤システムの構築を行うことは、コスト的に見合うのであれば利用できる可能性が残るということに過ぎない。プラットフォーム内の需給調整もブロックチェーンのデータ更新速度で耐えうることも前提になる。これまで、世界各地で多数の実証実験が実施されてきたが、ここまで長い時間があったにも関わらず、汎用性を持ったプラットフォーム基盤がまだ現れてもいない。この

ことは、中央集権型のレガシーシステムの代替となることが、自立分散型のブロックチェーンには想像以上に難しいことを示している可能性が高い。電力P2P取引を行うためには、レトロフィットによるプラットフォーム基盤の開発なども視野に入れる必要があるのではないか。

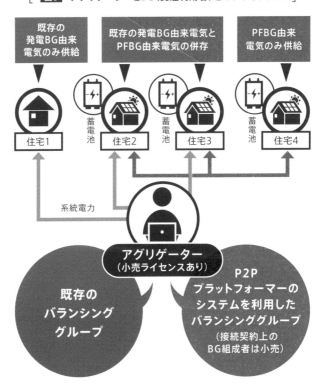

[ **図3** アグリゲーターとBG（託送利用者）とのアライアンス ]

既存の
発電BG由来
電気のみ供給

既存の発電BG由来電気と
PFBG由来電気の併存

PFBG由来
電気のみ供給

蓄電池　　住宅1　　住宅2　　蓄電池　　住宅3　　蓄電池　　住宅4

系統電力

アグリゲーター
（小売ライセンスあり）

既存の
バランシング
グループ

P2P
プラットフォーマーの
システムを利用した
バランシンググループ
（接続契約上の
BG組成者は小売）

（出所）経済産業省資源エネルギー庁「次世代技術を活用した新たな電力プラットフォームの在り方研究会」

第**8**章

デジタル時代の
ガバナンスと
セキュリティリスク

# introduction

　デジタル化の進展がITのさらなる活用を促す一方で、ロボットやAIなどの導入は、集約的なITシステムの構築とは異なり、組織内で分散的に展開される場合もあることから、デジタル化時代に適合したITガバナンス再構築の必要性が叫ばれている。また、IoTの普及とビッグデータ活用が拡大するコネクティッドワールドでは、従来の情報セキュリティ確保や個人情報保護対策に加えて、センサーやデバイスの可用性や安全性確保など、モノ特有のセキュリティ要請も高まっていく。

| 図 8-1 | ▶▶▶ モノ・データのつながりによりサイバー攻撃の脅威は増大する |

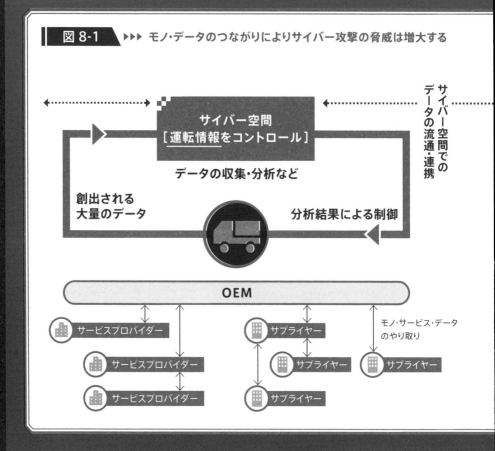

近年増加の一途をたどるサイバーテロやサーバー攻撃に対するセキュリティ対策の高度化も待ったなしの状況である。さらに、データやデバイスの爆発的増加に比例して高まる連続的なリスク増大に加えて、新しい課題の出現により不連続にリスクが拡大する可能性が高まりつつある。こうした問題に対する経営者の説明責任は重要性を増す。デジタル化の時代には、これらすべての課題に統合的に対処するITリスクマネジメントの構築が必要になる。

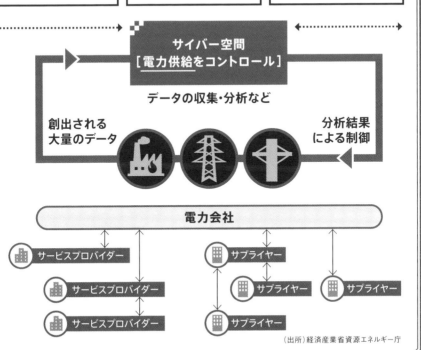

| 大量のデータの流通・連携 | フィジカルとサイバーの融合 | 複雑につながるサプライチェーン |
| --- | --- | --- |
| データプロテクションの重要性が増大 | フィジカル空間までサイバー攻撃が到達 | 影響範囲が拡大 |

**サイバー空間**
**[電力供給をコントロール]**

データの収集・分析など

創出される
大量のデータ

分析結果
による制御

**電力会社**

サービスプロバイダー

サービスプロバイダー

サービスプロバイダー

サプライヤー

サプライヤー

サプライヤー

サプライヤー

（出所）経済産業省資源エネルギー庁

# デジタル時代のITガバナンスとは

　企業などの組織におけるIT活用の必要性が高まるにつれ、コーポレートガバナンス（企業統治）に不可欠な部分として**ITガバナンス**[»p.224]の重要性が認識されてきた。こうしたITガバナンスは2000年代に確立され、経営層による統治の下、コーポレート部門の中のIT部門が管理・運用の中心となり、現代の重要な経営課題として取り扱われてきた。また、情報資産に対するリスクアセスメントとリスク対応を含む組織的取り組みとしての**情報セキュリティマネジメントシステム（ISMS）**[»p.225]の導入や、金融商品取引法で求められる**内部統制報告書**[»p.227]作成への対応なども、ITガバナンスの確立とともにコーポレート部門で扱う重要なテーマとして取り組まれてきた。

　しかし、こうしたコーポレート部門を中心としたITガバナンスが徹底されると、IT投資の費用対効果に対する厳しい評価や業務効率化などを目的として、IT部門に十分な要員が割かれなくなり、新しい技術への取り組みなども自然と縮小傾向に陥るような好ましくない循環が発生する可能性があり、こうしたことは**コーポレートIT**[»p.226]発達におけるある種の弊害・矛盾として起こり得る。

　一方で、近年のデジタル化の進展におけるロボットやAIの普及は、企業に業務効率化やサービス向上を通した新たな競争圧力を与え、これまで以上にIT活用の高度化を迫る。さらに、第5章でも取り上げた**ロボティック・プロセス・オートメーション（RPA）**[»p.146]などのロボットは、営業部門やオペレーション部門など現場で業務を行うビ

ジネス（事業）部門で導入することが比較的容易である。ここに、前述のようなコーポレートIT側の事情などが重なると、スピード感が求められるデジタル化の新たな取り組みに関して、ビジネス部門はコーポレートITに依存すること自体がリスクと考え、自ら主体的に取り組むことを考え始める。業務システムの開発や導入が主であるコーポレートITと、ITに関する専門知識が必ずしも問われないソフトウェアによるビジネスITでは、そもそもの部分で相容れない側面もある。

　このようなビジネスITの台頭は、組織に新たなリスクを発生させる可能性が指摘されている。ビジネスITは従来のコーポレートITとして集約的に構築されていたものとは異なり、ビジネス部門の顧客に近い場所で展開される。そのため個人情報保護の取り扱いにおけるセキュリティ対策では、コーポレート部門で確立したITガバナンスの統制が効かない可能性も懸念されている。

　こうしたことは、例えばRPA普及における**野良ロボット**[»p.228]の問題として現実化しており、かつてのエンド・ユーザー・コンピューティング（EUC）におけるブラックボックス化を彷彿とさせている。また、個人ユーザーとして日常的に活用している**SNS（ソーシャルネットワーキングサービス）**[»p.230]などをビジネスで活用し、簡易かつ迅速に社内の情報連携や社外への情報発信を行うニーズも増加している。コーポレートITとしてセキュリティリスクを軽減しつつ、迅速にビジネスニーズに対応することが求められているものの、その対応スピードの如何によっては**シャドーIT**[»p.227]を拡散させ、結果的にコーポレートITとして管理できない新たなリスクを抱えてしまうことになる。

　しかしながら、内部統制報告制度などが整備されている今日、この

ような状況を放置することは許されず、制度の対象企業においては内部統制の対象範囲の見直しが迫られる。その反面で、こうしたコンプライアンス強化がデジタル化時代に求められるアイデアや創造性を削ぎ、結果的にデジタル技術の活用推進を阻害する事態にも陥りかねない。こうしたジレンマを解消するためには、例えばコーポレートITが従来通りにガバナンスすべき部分と、ビジネス部門に任せる部分を明確に定義し、ビジネス部門に任せる部分については一定のポリシーやガイドラインを出し、その遵守状況をチェックしていくといった対応策が考えられる。

このように社内で分散的にデジタル活用が進むと、IT投資の最適化や費用対効果への評価などについても抜本的に見直す必要が生じ、IT分野の管理会計を高度化することなども検討対象になるであろう。いずれにしても、デジタル化時代に現れたこうした新たな課題は、組織にITガバナンスの再定義を迫ることが確実であり、時代に合った包括的なデジタルガバナンスの必要性が指摘されている。

## ハイパーコネクティッドワールドにおけるセキュリティ対策

IoTの普及やビッグデータの活用は、社会やビジネスに新しい知識やアイデアを生み出し、経済価値の創出につながると期待されている。
一方で、**ハイパーコネクティッドワールド [»p.229]** と呼ばれる新しい世界の出現により、セキュリティ対策の観点からは新たな課題も浮

かび上がっている。それは、デジタル時代の情報セキュリティの確保と個人情報保護への対応、サイバーテロやサイバー攻撃への脅威に対する防御としての**サイバーセキュリティ**[»p.231]の確保などである。

　デジタルマーケティングなどの手段として、企業がSNSなどを利用することは珍しくはなくなっているが、記載内容などが原因で発生する「炎上」などの問題を防ぐコンプライアンス上の管理もさることながら、グローバルでのデータ覇権競争においては、貿易戦争における保護主義のような個人情報保護の規制強化が各地域・国で進む可能性もある。実際、2018年5月に適用が開始された**EU（欧州連合）一般データ保護規則（GDPR）**[»p.229]は、現時点で最も厳しい規制となっており、開始時点では日本企業の未対応が全体の約8割に達するとみられていた。

　しかし、GAFA/BATの例を挙げるまでもなく、ITの技術革新はネットワーク効果を伴って独占的・寡占的な道のりをたどるため、最近のITプラットフォーマー規制における主要国の対応に見られるように、競争政策の必要性からはこうした規制が緩むことはない。加えて、データ活用におけるルールの明確化は、コネクティッドワールド実現に向けて有益であることは明らかである。AI導入にあたり法や倫理の問題も議論される中、データガバナンスは今後ますます重要性を増すと見られている。

　一方、近年急激な増加傾向にあるサイバーテロやサイバー攻撃への防御は、公共性の強いインフラ企業においてはますます重要課題となっている。海外ではネットワーク施設や発電所などの重要インフラへのサイバーテロが実際に起こっており、今後のIoT普及拡大により、認証機能を持たないセンサーが無数に外部に設置されると、外部ネッ

トワーク経由でデータが企業内に流入するとともに、発電所などの重要インフラと事務処理ネットワーク間で相互にセンサーデータなどを連携するシーンが増加する可能性もある。また、IoT普及が引き起こす**サイバーデブリ**[»p.228]の問題などはサイバー攻撃の増加を助長する。これらの脅威への対策は重要性を増しており、ビジネス部門も含め全社的なセキュリティガバナンスがこれまで以上に求められる。

　**図8-2**に示したサイバー攻撃回数の推移は、不使用のIPアドレスへのサイバー攻撃のパケット数を示しているが、数年で急増している。今後のコネクティッドワールドの進展は、こうした脅威をさらに強める可能性が高い。一方、従来はサイバー攻撃に対してはウイルス対策ソフトウェアの導入などで対処されてきたが、そうしたレベルの対応だけでは十分ではなくなってきている。国家レベルでは**CSIRT（シーサート）**[»p.232]なども整備される方向にあるが、企業レベルではこうした問題の責任者としての**最高情報セキュリティ責任者（CISO）**[»p.231]の設置や、**セキュリティオペレーションセンター（SOC）**[»p.232]の整備などが挙げられる。

　24時間365日、**標的型攻撃**[»p.233]をはじめとしたサイバー攻撃が世界中から行われている一方で、組織内でも仮想デスクトップやタブレット、スマートフォンなど多様な使用環境やデバイス利用が増加し、クラウド環境の活用や在宅勤務の増加が組織内イントラ環境以外のネットワーク利用の多様化を促しており、こうしたIT利用形態の大きな変化が、専門スタッフによる常時監視を行うSOCの必要性を高めている。

　このような予防的な対策を講じることは重要ではあるが、サイバー

攻撃はなくならないものとの前提で考えると、事業継続マネジメントの観点から適切に事後のオペレーションを考えておくこともより重要となる。また、今後のデジタル資産の膨張を念頭に置くと、無限にセキュリティ投資を許容することも現実的ではない。保護対象資産の優先順位付けや多層防御などの戦略性がますます重要になるのである。

**図 8-2** ▶▶▶ **観測されたサイバー攻撃回数の推移（過去16年間）**

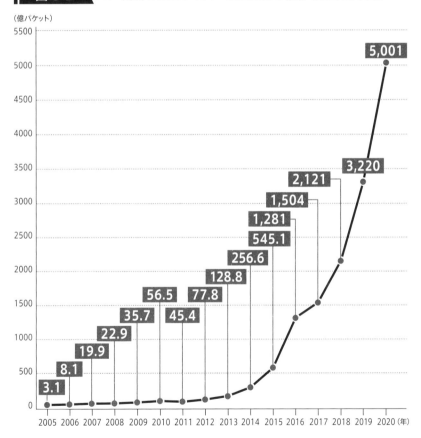

（出所）国立研究開発法人情報通信研究機構「NICTER観測レポート2017, 2018, 2019,2020」より筆者作成

# ITガバナンス
【あいてぃーがばなんす】

　企業などの組織がITにおける企画、投資、導入から運用、活用するにあたり、その効果や付随するリスクを継続的に最適化する仕組みを整備し、あるべき方向へと導く組織的な取り組みのこと。

　企業合併に伴うシステム統合におけるトラブルを契機に、コーポレートガバナンスの考え方を援用したITにおける企業統治手法の確立が必要と考えられた。本用語は極めて広義に捉えられており、定義も様々である。しかし、金融商品取引法で求められる内部統制や株主などのステークホルダーへの説明責任などの観点から、今日における重要な経営課題の一つとなっている。

# 情報セキュリティ
【じょうほうせきゅりてぃ】

　情報セキュリティは、その3つの性質、すなわち「情報の機密性（許可されていない個人、エンティティまたはプロセスに対して、情報を使用不可または非公開にする特性）」、「完全性（資産の正確さ及び完全さを保護する特性）」、「可用性（許可されたエンティティが要求したときに、アクセス及び使用が可能である特性）」を維持すること。ISO/IEC27001およびその翻訳であるJISQ27001において定義されている。

# 情報セキュリティポリシー
【じょうほうせきゅりてぃぽりしー】

　情報セキュリティポリシーは、企業などの組織において実施する情報資産のセキュリティ対策の方針や行動指針のこと。どのような情報資産を、どのような

脅威から、どのように守るのかについての基本的な考え方、情報セキュリティを確保するための体制、運用規定、基本方針、対策基準などを具体的に記載するのが一般的。これらを情報セキュリティマネジメントシステムに導入して実施する。

## 情報セキュリティマネジメントシステム（ISMS）

【 ISMS＝Information Security Management System 】

　情報セキュリティマネジメントシステムは、企業などの組織が持つ情報資産の保護を目的としたマネジメント手法に関するフレームワークのこと。

　ISMSの達成すべき目標は、リスクマネジメントプロセスの適用により、情報セキュリティの3つの要素である「機密性」「完全性」「可用性」を維持し、リスクを適切にマネジメントしているという信頼を利害関係者に与えることである。ISMSに関するフレームワークとして、ISO（＝International Organization for Standardization、国際標準化機構）とIEC（＝International Electrotechnical Commission、国際電気標準会議）が策定した規格が、ISO/IEC27001になる。

## NIST CSF

【 National Institute of Standards and Technology, Cyber Security Framework 】

　米国国立標準研究所（NIST）が2014年に策定したサイバーセキュリティフレームワーク（CSF）のこと。

　正式名称はFramework for Improving Critical Infrastructure Cybersecurity（重要インフラのサイバーセキュリティを向上させるためのフレームワーク）であり、もともとはITインフラの運用者を対象としていた。ISMSと比較すると、文字通りサイバーセキュリティ対策により重点が置かれ、対策効果の数値評価の基準も含まれている。また、業種や企業規模などに依存しない、汎用的かつ体系的なガイドラインとなっている。

# リスクアセスメント／リスク対応

【りすくあせすめんと／りすくたいおう】

　リスクアセスメントとは、自社ないしは自組織が持つ情報資産において、いかなるリスクが存在するかを特定し、そのリスクの特質を分析し、さらにそのインパクトを評価するプロセス全体のこと。通常はリスクアセスメントの後にリスク対応を行う。

　リスク対応とは、リスクアセスメントで評価されたリスクへの対応を行うこと。許容可能なレベルのリスクは受容されるが（対応なし）、それ以外の場合は、そのリスクによる影響の大小、発生頻度の多少により、リスクの回避、低減、移転を決定、実施する。自社ないしは自組織に存在するリスクごとに最適な対応を行うため、リスクマネジメントの一環として対応の有無や手段を選択する。

# コーポレートIT／ビジネスIT

【こーぽれーとあいてぃー／びじねすあいてぃー】

　コーポレートITとは、企画、人事、総務、広報などの機能を持ついわゆるコーポレート部門に分類される情報通信の機能を担う部署において、オペレーションやバックオフィス業務などの社内ITシステムの企画、構築、運用、保守を行うこと。

　これに対してビジネスITとは、営業や本業に関連するフロント業務、付随するオペレーション業務などを担うビジネス部門において、コーポレートIT部門に頼らずITシステムの導入などを行うこと。具体的には、業務効率化やサービス向上を目的としたRPAなどのロボット導入、あるいは顧客により近い場所でユーザーエクスペリエンス（UX）やカスタマーエクスペリエンス（CX）を実現するシステム構築や運用などをビジネス部門自らが実施する。

# 内部統制報告書
【 ないぶとうせいほうこくしょ 】

　企業の財務報告に関する内部統制が有効に機能しているかどうかを経営者自身が評価し、その結果を報告する開示書類のこと。

　金融商品取引法第24条の4の4第1項（いわゆる日本版SOX法）における内部統制報告制度の対象会社（上場会社または店頭登録会社）が本報告書の作成義務を負うが、その基本要素の中でITガバナンス（ITの活用による内部統制）の確立が求められている。これは日本版SOX法特有のもので、その手本となった米国の上場企業会計改革および投資家保護法（SOX法または企業改革法）第404条に規定される内部統制では、ITについて具体的な規定はない。

　しかし、SOX法遵守においてセキュリティ対策としてのITの重要性が認識されており、SOX法対象会社はCOBITなどを採用している。

# COBIT
【 Control Objectives for Information and Related Technology 】

　ITガバナンスの成熟度を測るための国際的に認められた規格のこと。

　情報システムコントロール協会（ISACA）とITガバナンス協会（ITGI）が1992年にIT管理についてのベストプラクティス集の作成を開始した。このフレームワークを基に、適切なシステム構築とその活用のための基準を示した34のITプロセスに分類され、各プロセスの成熟度を6段階で評価する。IT管理者、ITユーザーおよび監査人などが必要とする、IT利用により得られる利益の最大化、組織におけるITガバナンスや内部統制の開発などをサポートしている。

# シャドーIT
【 Shadow IT 】

　企業などのIT部門が把握・管理していないハードウェアやソフトウェアを、従業員が業務に利用すること、または利用されているデバイスやサービスのこと。

ステルスIT（Stealth IT）ともいう。

　スマートフォンやタブレットなどのデバイスやクラウドサービスの普及に伴い、従業員個人所有のデバイスや個人登録によるウェブサービスなどをIT部門へ申請することなく業務で活用することが増加し、情報漏洩等のセキュリティ事故につながるリスクは従来から問題視されていた。しかし、近年はビジネスITの増加により、この領域で利用されているIT部門が把握していないデバイスやサービスなどもシャドー ITの一種と考えられている。

# 野良ロボット
【 のらろぼっと 】

　ビジネス（業務）部門でビジネスITとして導入されたRPAの導入範囲拡大やそれに伴うロボット数の急増などにより、管理者不明のロボットが出現すること。動物が野良化することのたとえで擬獣化された表現。

　コーポレートITの統制が及ばずに発生した問題として、かつてエンドユーザーコンピューティング（EUC）が普及した際、表計算ソフトのマクロ言語により作成されたプログラムが増殖し、管理不能の状態を引き起こしたことが挙げられる。こうしたことを踏まえ、RPAでも統合管理の必要性が指摘されている。

# サイバーデブリ
【 Cyber Debris 】

　セキュリティ対策に向けたプログラムアップデートなどの適切なメンテナンスが実施されず、脆弱性を抱えたまま使用を継続している、あるいはサイバー空間に放置されているデバイス（機器）などのこと。

　デブリ（Debris）とはガラクタのことであり、野良ロボットもサイバーデブリの一種と考えられている。あらゆるモノがインターネットにつながるIoTの普及に従い、急増したデブリがウイルス感染や犯罪の温床となる危険性が指摘されている。実際、2016年に発生したマルウェアの「Mirai」により、家庭内オンライン機器（IoTデバイス）を標的に大規模なネットワーク攻撃が行われた。

# ハイパーコネクティッドワールド
【 Hyper Connected World 】

　家電などのあらゆるモノがインターネットにつながるIoTや、それ以外のあらゆる情報端末など、サイバー空間につながるこうしたデバイス類は、2022年には地球上で350億個以上に到達すると予測されている。ここから生成されるビッグデータを活用した新たなアイデアにより、ビジネスや社会に有益となる知識や経済的付加価値が創出される世界観のことを指す。2014年頃のバズワードでもある。このような制約のない情報の流通は、異業種間の壁を取り払うことを促して産業融合を起こすと考えられている。

# EU一般データ保護規則（GDPR）
【 GDPR=General Data Protection Regulation 】

　欧州連合（EU）が、個人情報の取り扱いを厳しく制限することを目的として制定した規制。2016年5月24日に発効し、2018年5月25日から適用が開始されており、違反すると巨額の制裁金が科せられるリスクがある。

　EUを含む欧州経済領域（EEA）域内で取得した氏名やメールアドレスなどの個人情報をEEA域外に持ち出すことが原則禁止されており、現地日系企業やその従業員などはもちろん、域内に拠点をもたずに商品やサービス提供を行う場合でもGDPRの規制対象となる。加えて、情報セキュリティの観点からも各組織が抱える業務形態や情報システム体制に応じたITシステムのカスタマイズや強化などを実施し、セキュリティ環境を整備する必要もある。

　なお、GDPR創設による規制強化の背景にはGAFAなどの米国巨大IT企業とのデータ覇権競争もあると指摘されている。

# プラットフォーマー規制
【 ぷらっとふぉーまーきせい 】

　巨大ITプラットフォーマーのプラットフォーム独占への規制が、従来の競争法（独占禁止法）では限界があることを踏まえ、世界の主要国で新たな法律や規制を設ける動きがある。基本的には、これまでの事後規制から事前規制への規制強化となっている。

　日本では、2020年6月に「特定プラットフォームの透明性及び公正性に関する法律（透明化法）」が公布され、IT プラットフォーマーへの競争法適用の端緒となっている。

　欧州では、同年12月に欧州委員会がデジタルサービス法（DSA=Digital Service Act）とデジタル市場法（DMA=Digital Market Act）を制定している。前者はSNSなどに対する違法コンテンツへの対応を示したもの、後者は企業買収の際の当局への事前通知やゲートキーパーと指定された検索エンジンやSNSなどが自社サービスを優遇することを禁じるなどで、いずれも違反した場合は高額の罰金を科している。

　米国では、同年10月に司法省がスマートフォンにおける競合事業者のアプリケーションをインストールすることを禁止している行為を提訴し、12月には連邦取引委員会が大手SNS事業者による競争者への度重なる買収行為に対して裁判所へ提訴している。

# SNS
【 Social Networking Service 】

　インターネットを介して人と人の関係を構築するコミュニケーション・サービスのこと。

　このソーシャルネットワーキングサービスは、頭文字を略してSNSと呼ばれることが一般的。海外では米国のFacebookや中国のWeChatが有名であるが、登録した参加者が身の回りの出来事や意見などを投稿し、それらに他の参加者がコメントや評価を与える形などで交流を深める。

　従来のコミュニティサービスが参加者の匿名性を重視してきたのに対し、ソーシャルネットワークでは顕名性が重視される。サイト内の品質を保つためにルールやプライバシー設定などの工夫を施すサービスが多い。ニュースやマーケティングなどにも利用されているため、社会への影響も巨大化する傾向にある。

# サイバーセキュリティ
## 【 Cyber Security 】

　サイバーテロ（攻撃）などにより起こり得る、情報資産の漏えい、滅失、または毀損の防止や、当該情報の安全管理のために必要な措置を講じること。また、情報システムおよび情報通信ネットワークの安全性、信頼性の確保のために必要な措置が講じられ、その状態が適切に維持管理されていることを含む。

　2015年1月に施行されたサイバーセキュリティ基本法第2条にも定義がある。また、同法の目的として、経済社会の活力の向上と持続的発展、国民の安全安心、国家の安全保障への寄与などが挙げられ、政府行政機関や地方公共団体における責務が明らかにされている。

# 最高情報セキュリティ責任者（CISO）
## 【 CISO=Chief Information Security Officer 】

　最高情報セキュリティ責任者とは、企業の経営幹部の中でコンピューターシステムにおけるセキュリティ対策だけでなく、機密情報や個人情報管理なども含む情報セキュリティ全般を統括する責任者である。

　情報セキュリティポリシーや機密情報管理規程の策定、情報漏洩事故防止、これらにかかわるリスクマネジメント全般も統括する。国内では2005年4月より個人情報保護法が施行され、また欧州でもGDPRが制定されるなど、情報セキュリティ管理責任者としてのCISOの役割はますます重要となると考えられている。

# セキュリティオペレーションセンター (SOC)
【 SOC=Security Operation Center 】

　情報ネットワーク、サーバー、情報端末や情報セキュリティ機器などを24時間365日監視し、これらが生成するログなどを分析してサイバーテロなどの検出を行い、攻撃を受けた場合は関係者に通知するとともに対応へのアドバイスを行う組織のこと。

　自組織内に設置する場合もあれば、セキュリティ専門業者に外部委託（アウトソーシング）する場合もある。従来、企業などの組織においては、IT部門のネットワークエンジニアなどがこうした攻撃に対応していたが、近年の高度化するサイバーテロの脅威に対して、情報セキュリティ対策専門のエンジニアで構成される組織的対応の必要性が高まっている。

# CSIRT（シーサート）
【 Computer Security Incident Response Team 】

　コンピューターネットワークやインターネット上のセキュリティにかかわるインシデントに対処する組織のこと。

　脆弱性、攻撃予兆などの情報を常に収集、分析し、対応方針や手順などを策定するほか、万が一インシデントなどの問題が発生した場合は、その原因解析や影響範囲の調査を行う。CSIRTの国際的連盟組織としてFIRST（Forum of Incident Response and Security Teams）がある。日本では、内閣サイバーセキュリティセンター（NISC）とJPCERTコーディネーションセンター（JPCERT/CC）が実質的なナショナルCSIRTである。

# サイバーテロ／サイバー攻撃
【 Cyber Terrorism／Cyber Attack 】

　サイバーテロとは、コンピューターネットワークを対象としたテロ行為のこと。コンピューターウイルスの大量発信や大規模なクラッキング行為（悪意を持った

クラッカーによる不正行為）などを指すが、多くは政治的、社会的な思想信条を背景としたテロ行為のことであり、サイバー戦争と呼ばれる場合もある。

　一方、サイバー攻撃と呼ばれる場合はクラッキング行為全般のことを指している。軍隊・諜報機関などによる高度なサイバー攻撃から、アマチュアの愉快犯などによる低度のものまで含まれることから、この言葉が指す範囲はかなり幅広い。

　いずれの場合も犯罪行為である場合、日本では電子計算機損壊等業務妨害罪（刑法第234条の2）などの刑法犯罪となり、民事訴訟（損害賠償請求）の訴因ともなり得る。

# 標的型攻撃
## 【 Targeted Attack 】

　情報の窃取などの明確な目的を持った攻撃者が、特定の組織や人に対して行うサイバー攻撃のこと。

　攻撃の手法としては、組織の構成員や個人にコンピューターウイルス（マルウェアなどの不正プログラム）が添付された電子メールを送り付けるなどで開始される。これらの電子メールは標的型メールと呼ばれる偽装メールで、組織内のイントラネットにつながる個人のコンピューター上で不正プログラム（バックドア）をクリックして実行してしまうと、このプログラムを用いて攻撃者は外部から情報の窃取やコンピューターを操るなどの不正行為が可能となる。

# DoS攻撃／DDoS攻撃／DRDoS攻撃
## 【 Denial of Service Attack／Distributed Denial of Service Attack／Distributed Reflective Denial of Service Attack 】

　DoS攻撃とは、ウェブサイトや企業などのサーバーに大量のデータを送りつけ、システムが処理し切れない状態に追い込んでサービスを利用不能にする（フラッド型）、または、サーバーやアプリケーションの脆弱性を利用して不正処理を行わせ、システムのサービス機能を停止させるサービス妨害攻撃であり（脆弱性型）、昔からあるサイバー攻撃の一つである。情報システムの可用性

（availability）を侵害する攻撃手法が特徴である。

　DDoS攻撃とは、マルウェアを用いて大量のマシンを乗っ取り、それらから一斉に一つのサービスに対してDoS攻撃を仕掛ける分散型サービス妨害攻撃である。

　DRDoS攻撃とは、攻撃者が攻撃対象のマシンになりすまし、そこから他の大量のマシンにリクエストを一斉に送信する。そのリクエストを受け取ったマシンらが攻撃対象へ一斉に返信することから、分散反射型DoS攻撃とも呼ばれる。マルウェアを用いないことから発覚しづらく、より高度なサイバー攻撃といえる。

# クラッカー／ホワイトハッカー
## 【 Cracker、Kracker／White Hacker 】

　クラッカーとは、コンピューターネットワークに不正にアクセスして、情報資産の窃取、破壊、改ざん、アクセス制御の突破、リバースエンジニアリングの悪用など、クラッキング（悪意のある行為）を行う者のことを指し、ブラックハットとも呼ばれる。

　一方、ハッカーとは、もともとコンピューターマニアのことであり、コンピューターやネットワークに関する高度な技術や知識を持つ者のことで、このうち企業などの組織を守るなどの善良な目的にハッキング技術を活用する者を、ホワイトハッカーまたはホワイトハットと呼び、クラッカー（ブラックハット）とは区別される。

# マルウェア
## 【 Malware 】

　悪意を持って不正に動作させる意図でプログラムされたソフトウェアやソースコード（コンピュータープログラム）などの総称。「悪意のある（Malicious）」と「ソフトウェア（Software）」を組み合わせた造語。

　プログラムファイル間で静的に感染するコンピューターウイルス以外のマルウェアとして、ワーム（自己複製して拡散する性質を持つ）、トロイの木馬（無害な

プログラムを偽装して内部にマルウェアを隠匿する)、スパイウェア（侵入先から得た情報を収集者に自動送信する）やランサムウェア（ユーザーアクセスを制限するなどして解除の身代金を要求するもの）などがある。スパイウェアはマーケティング目的のものもあるが、一般的にこれらのマルウェアはユーザーに迷惑をかける有害なものである。近年、暴露型のランサムウェア（身代金支払いに応じないと深層ウェブなどで情報を暴露される）による企業での被害が増加傾向にあるといわれている。

# ゼロトラスト
## 【 Zero Trust 】

　アプリケーションやデータにアクセスを試みる人間やデバイスの全てを信頼せず、攻撃されることを前提として、アクセス毎にゼロベースの厳しい検証を実施し、認証・許可するセキュリティポリシーのこと。

　組織内外のネットワークの間にファイアーウォールを設ける境界型防御とは異なり、外部・内部の区別なくサーバーへのアクセスなど、すべてのトラフィックをリアルタイムで監視する。外部からのサイバー攻撃だけでなく、内部からの情報漏洩などの不正行為を防ぐことも目的となっている。ネットワークセキュリティが従来型では限界となっていた状況に加え、昨今の新型コロナウイルス感染症拡大を受け、業務システムのクラウド移行やリモートワークが急速に普及するなかで注目を集めている。

# ペネトレーションテスト
## 【 Penetration Test 】

　インターネットに接続されているコンピューターシステムに対して、外部から意図的なサイバー攻撃を仕掛けることにより、システムに侵入できる脆弱性がないかを確認するテストのこと。日本語で侵入テストともいう。セキュリティエンジニアが実際に使用されている技術を用いた擬似のサイバー攻撃を実施する。

# 深層ウェブ
## 【 Deep Web 】

インターネット上で提供されるHTMLやXHTMLなどの言語で記述される
ハイパーテキストシステムWorld Wide Web（WWW）にある情報のうち、
GoogleやYahoo!などの通常の検索エンジンではヒットしない情報のこと。

ダークウェブの多くは無害であるが、違法コンテンツやコンピューターウイル
スなどを交換するブラックマーケットや犯罪行為を目的とした活動の温床となっ
ている面もあり、こうしたダークウェブは深層ウェブで展開されている。

# サイバーセキュリティ経営ガイドライン
## 【 Cyber Security Management Guideline 】

サイバーセキュリティ対策を推進するための情報セキュリティ政策として経済
産業省が策定したガイドラインのこと。

サイバー攻撃から企業を守る観点で、経営者が認識する必要のある「3原則」
と、経営者がサイバーセキュリティ対策実施の責任者となる担当幹部（CISO等）
に指示すべき「重要10項目」から成り、PDCAを回すことで実施される。サイバ
ーセキュリティ対策をコストと捉えるのではなく、将来の事業活動や成長に必須
のものと位置付けた投資と捉えることが重要とされている。

図 8-3　▶▶▶ 経営者がリーダーシップをとったセキュリティ対策の推進

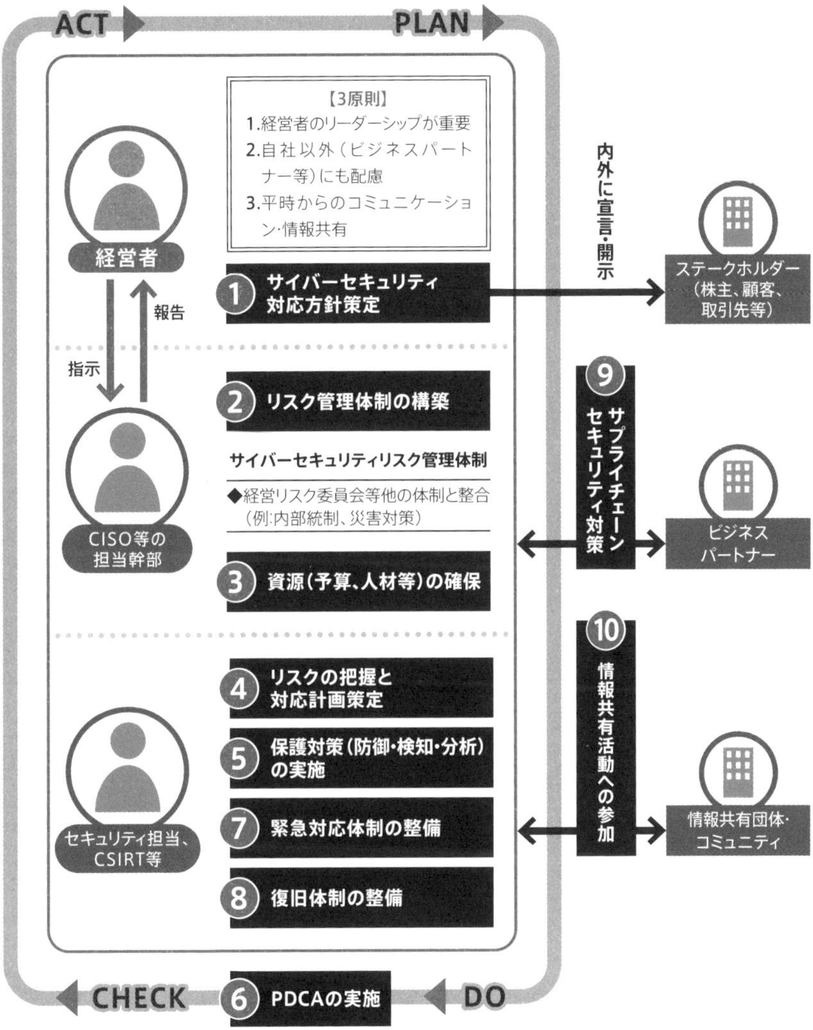

【3原則】
1.経営者のリーダーシップが重要
2.自社以外（ビジネスパートナー等）にも配慮
3.平時からのコミュニケーション・情報共有

ACT　PLAN

経営者

報告

指示

CISO等の担当幹部

セキュリティ担当、CSIRT等

内外に宣言・開示

① サイバーセキュリティ対応方針策定

② リスク管理体制の構築

サイバーセキュリティリスク管理体制
◆経営リスク委員会等他の体制と整合（例:内部統制、災害対策）

③ 資源（予算、人材等）の確保

④ リスクの把握と対応計画策定

⑤ 保護対策（防御・検知・分析）の実施

⑦ 緊急対応体制の整備

⑧ 復旧体制の整備

⑨ サプライチェーンセキュリティ対策

⑩ 情報共有活動への参加

ステークホルダー（株主、顧客、取引先等）

ビジネスパートナー

情報共有団体・コミュニティ

CHECK　⑥ PDCAの実施　DO

（出所）経済産業省「サイバーセキュリティ経営ガイドライン」

第9章

―

イノベーションと
新しいビジネスモデルの
創出

# introduction

>>> **第9章** | **イントロダクション**

　第2次産業革命の旗手として発展を遂げた電気事業のビジネスモデル
は、1世紀近くの時間をかけて洗練されてきた。しかし、電力自由化を端
緒に、再生可能エネルギーの増加、近年のデジタル化の進展など、内外の
環境変化がもたらす変革の波が従来型ビジネスモデルを崩壊させようと
している。欧米の電力会社でも制度改革や市場改革に加え、デジタル変
革により企業価値の低下に苦しむ中、様々な事業モデルのイノベーショ

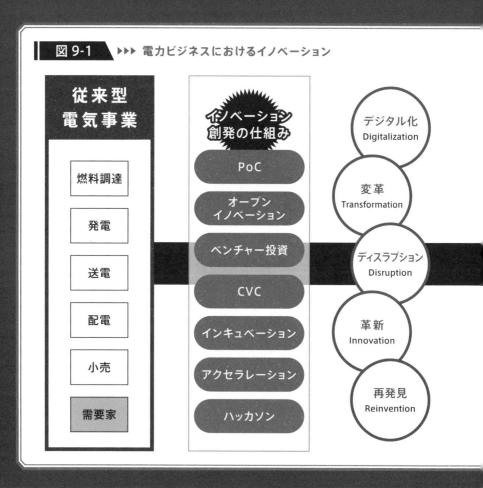

**図 9-1** ▶▶▶ 電力ビジネスにおけるイノベーション

ンに取り組んでいる。こうしたかつてない産業変革期を危機と捉えるか、チャンスと捉えるかは、電力デジタル革命という文脈をどのように考え、この潮流にどのように対峙するかにかかっている。ディスラプティブ時代に求められるのは、イノベーターとしての幅広い知見とリスクテーカーとしての実行力を同時に持つことであり、併せて従来型のエネルギー企業から脱皮し、時代の変化に合わせて進化を遂げようとする柔軟性である。

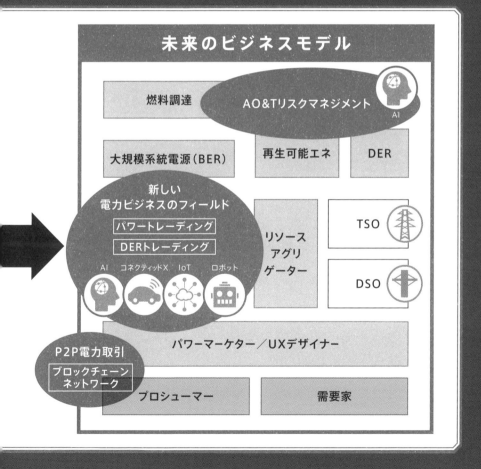

# 電気事業ビジネスモデルの変遷

　19世紀後半に生まれた電気事業は、20世紀に入って大規模電力供給の体制を整え、今日まで発展してきた。地域や国によりエネルギー資源の供給体制などに違いはあるが、電気事業の基盤となる技術やビジネスモデルは世界的に共通項が多い。しかし、従来型ビジネスモデルは、欧米における電力自由化と脱炭素化の進行を背景に世界各地で崩れつつある。

　欧州では風力を中心とした再生可能エネルギー電源の大量導入に伴い、化石燃料を使用する従来型発電機の価値が毀損され続けている。米国では太陽光発電を設置する需要家の増加と**ネットメータリング制度**[»p.38]の導入で託送収入が激減する**デススパイラル**[»p.36]が深刻化している。こうした現象は、旧来の中央集権的な大規模供給体制に様々な矛盾を突きつけ、その体制維持が危ぶまれるほどであり、日本でも同様の問題に直面し始めている。こうした供給体制における構造変化に加え、全産業に共通するデジタル化の足音が電気事業にも例外なく押し寄せている。

　一方、こうした大きな変化においては、新しいテクノロジーが構造変化に起因する諸問題に対するソリューションとなる側面と、技術革新(イノベーション)が持つ破壊力が従来型ビジネスモデルに対して根幹からの変革を迫るという側面の、両方を持ち合わせている。どちらの側面にもポジティブまたはネガティブな見方が成り立ち、また立場によっても捉え方は大きく異なるであろう。しかし、将来の不確実性

を理由に変革の手を緩めることを許すほど、こうしたデジタル化の潮流は寛容ではない。いずれの場合にも共通して言えることは、新しいビジネスモデルを模索し続ける必要があるということに尽きる。

## 電力デジタル革命のイノベーション領域

電気事業の構造変化のドライバーとして、**Utility3.0** [»p.30] では5つのD（Depopulation ＝人口減少、Decarbonization ＝脱炭素化、Deregulation －自由化、Decentralization ＝分散化、Digitalization ＝デジタル化）―― が挙げられている。こうしたマクロ面での基礎的条件を基に、長期的な見通しを得ることは極めて重要である。しかし、「何から手をつけるか」という観点では、頭の中で少し整理が必要である。

ここでは少し近視眼的に電気事業の変化や転換を推進するドライバーとなる要素について考えてみる。

人口減少は不可逆的で長期にわたり社会構造に大きな影響を及ぼす問題であるが、直接的な解決手段がないためここでは捨象する。他の4つを見ると、デジタル化については論をまたない。自由化については、第7章でも述べた市場メカニズム導入の側面にデジタル化が加わることを考慮すれば、エネルギー産業にもフィンテックの導入が進むと考えられる。また、脱炭素化の目的は一義的ではなく、当面はその手段である再生可能エネ電源（RE）のコスト低下が争点となる時代がしばらく続く。分散化はその基となる分散型エネルギー資源（DER）の要素となる蓄電池や電気自動車（EV）などの活用拡張が続く。以上

から整理すると、既存のビジネスモデルに破壊をもたらす可能性が高い電力デジタル革命におけるイノベーション領域は、①デジタル化、②金融化、③再生可能エネのコスト革新、④DER活用拡張、の4つがキーワードとなる**(図9-2参照)**。

こうしたイノベーションの進行とプレーヤーの多様化、異業種との融合や侵食を通して、旧来型ビジネスモデルに依存するプレーヤーは自由化による価格競争(相場下落)、デジタル化によるビジネスモデルの陳腐化から、最終的に資産がストランデッド化する一連のリスクにさらされている。こうした電力版ディスラプションにいかに備えるかが課題となる。

**| 図9-2 ▶▶▶ 電力デジタル革命におけるイノベーション領域**

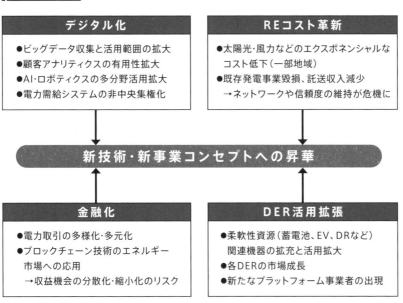

**デジタル化**
- ●ビッグデータ収集と活用範囲の拡大
- ●顧客アナリティクスの有用性拡大
- ●AI・ロボティクスの多分野活用拡大
- ●電力需給システムの非中央集権化

**REコスト革新**
- ●太陽光・風力などのエクスポネンシャルなコスト低下(一部地域)
- ●既存発電事業毀損、託送収入減少
  →ネットワークや信頼度の維持が危機に

**新技術・新事業コンセプトへの昇華**

**金融化**
- ●電力取引の多様化・多元化
- ●ブロックチェーン技術のエネルギー市場への応用
  →収益機会の分散化・縮小化のリスク

**DER活用拡張**
- ●柔軟性資源(蓄電池、EV、DRなど)関連機器の拡充と活用拡大
- ●各DERの市場成長
- ●新たなプラットフォーム事業者の出現

(出所)筆者作成

# 求められるイノベーション創出型経営

　新たなビジネスモデル構築のために求められるのはイノベーション創出型経営であり、そのためには正しい環境認識、多くの選択肢（オプション）の確保、先進的アイデア・技術の取り込みや投資戦略などが必要になる。これらをイノベーションに結び付けるには、様々な戦略上の**資源配分プロセス**[»p.249]も必要となる。

　例えば、DERやIoTの普及はkWh価値の低下（電気のコモディティ化）の加速や既存事業用資産の価値下落を招くと考えられているが、多様なプレーヤーを参入させ、ビジネスモデルを革新する新技術や新事業に昇華できればビジネスチャンスも広がる。**カスタマーエクスペリエンス（CX）**[»p.258]や**ユーザーエクスペリエンス（UX）**[»p.259]を上手く活用して次世代プラットフォームの覇者となる可能性もあるが、これは既存勢力だけではなく、異業種からの新規参入者にもチャンスがある。

　あるいは、現状の**エネルギーサービスプロバイダー（ESP）**[»p.256]としてのビジネスモデルは従来型のアセット所有ビジネスの域を脱していない。しかし、**シェアリングエコノミー**[»p.256]の本質を理解し、デジタルツールを駆使した他産業での成功例を模倣できたとしても、それだけで新しいエネルギービジネスとして展開できるか、明確な答えはまだない。

　また、電力はあくまでもコモディティであるため、顧客ニーズに対して**マーケットイン**[»p.254]のアプローチを取りがちである。これに

対して、**プロダクトアウト**[»p.254]が可能となるのはどの領域であろうか。エネルギー産業と異業種との融合が叫ばれながらも、今のところ画期的なサービスは見当たらない。これまで誰も見たことがないサービスを、例えばモビリティや金融との融合において、現状の電力小売りのビジネスモデルから脱し、異次元のパラダイムシフトを起こす価値提案(バリュー・プロポジション)ができるのか、実際のところまだ誰にもよく分かっていないのである。

## ディスラプティブ時代に求められる発想

　こうしたパラダイムシフトを起こすようなイノベーションを編み出すには様々な工夫と仕掛けが必要となる。**オープンイノベーション**[»p.252]や**コーポレートベンチャーキャピタル(CVC)**[»p.253]などを活用すること(ファンドを介さない直接投資も含む)に、近年あらゆる業界の日本企業が注目している。こうした取り組みはポジティブに評価されるべきではあるが、一方で「オープンイノベーションごっこ」と揶揄されたり、CVCブームがバブルの様相を呈していると指摘されている中、日本企業の一連の取り組みにおける本気度が世界から問われており、これからが正念場である。

　先行する欧州エネルギー事業者は、米シリコンバレーの近くにCVCの拠点を設ける、EV関連のプラットフォームベンチャー企業(VB)に直接投資を行う、などの活動を進めている。他業界との比較では、こうした動きすらまだ初歩的であり、オープンイノベーションの一環と

して**アクセラレータープログラム**[»p.261]を持つ、CVC としての投資だけではなく**インキュベーター**[»p.260]を担う、といったリスクを取って踏み込むことができるかどうか、従来の電気事業のマインドにはない発想も必要となる。

　ビジネスにおいて論理分析的に正解を導こうとする演繹的思考のみではイノベーションを起こすことは難しい。そもそも多数の試行錯誤の中からまぐれ当たり的に成功することが普通であるため、**アイデアソン**[»p.262]、**ハッカソン**[»p.262]や**概念実証（PoC）**[»p.253]などに取り組むことも必要である。システム開発においては**ウォーターフォール型**[»p.263]ではなく**アジャイル型**[»p.263]の開発が許容できるかどうかも鍵となる。

　要するに、新しいコンセプトやフレームワークを創造しようとする帰納的思考がより重要となる。ただし、変化のスピードが加速する中で、まぐれ当たり的な帰納的アプローチが許される余地は今後ますます狭まる一方にある。2020年に亡くなったクリステンセン教授の『**ジョブ理論**』[»p.249]では、不確実性の中でイノベーションの確からしさを高める必要性が説かれており、同書が注目を集めているのはこうした背景があるからである。

## 破壊的イノベーション
【 Disruptive Innovation 】

　米ハーバード・ビジネス・スクールのクレイトン・クリステンセン教授（当時）が著した『イノベーションのジレンマ』で示された概念。

　この概念によれば、イノベーションには従来製品の改良を重ねる持続的イノベーションと、従来製品の価値を破壊して新たな価値を生み出す破壊的イノベーションがあるとされる。既存の大手企業は持続的イノベーションにより自社事業を成立させているため、ニーズの見えない破壊的イノベーションを軽視してしまう。既存の大手企業の持続的イノベーションの結果であるスペックが顧客ニーズを超えてしまうと、顧客はそうしたスペック以外の側面に目を向け、破壊的イノベーションによる新たな製品が無視できない存在となり、その価値が徐々に顧客に受け入れられる。その結果、既存の大手企業の従来製品の価値は陳腐化し、既存大手企業は地位を失い、製品は市場から退出を迫られる。

## ディスラプション
【 Disruption 】

　日本では創造的破壊（Creative Destruction）と訳されることもあるが、経済学者のシュンペーターの創造的破壊は、資本主義における経済発展自体を指しており、「その起因は外部環境の変化ではなく企業内部のイノベーションの発意」と、結果として起こる「産業における生物学的な突然変異」が想定されている。

　前者はクリステンセン教授の持続的イノベーションに近く、後者は破壊的イノベーションに近いとも考えられるが、いずれにしてもデジタライゼーションに起因するディスラプションは、（望ましくない）断裂がもたらす外的要因による混乱・崩壊を意味しており、企業の存在のみならず人の存在までが脅かされるという点で、創造的破壊や破壊的イノベーションを超える大きな社会的変革をもたらすことが予想されている。

# ジョブ理論
## 【 Jobs Theory 】

クレイトン・クリステンセンが著した『イノベーションのジレンマ』は破壊的イノベーションについての事象を説明するものであった。そこでイノベーション自体を起こす仕組みを説明するために、『イノベーションのジレンマ』から20年の歳月を経て著された『ジョブ理論』において新たな理論が示された。

具体的には人が課題解決において何を採用するのかは、片付けたい「ジョブ」（Jobs to be done）があるためであり、その採用対象（ないしはソリューション）を発見する仮説検証型のアプローチである。同理論ではまぐれ当たり的なイノベーションへの取り組みに批判的であることから、イノベーション発生の確度を上げるための概念として画期的である点も注目されている。

# 資源配分プロセス
## 【 Resource Allocation Process 】

クレイトン・クリステンセンが『イノベーションへの解』で提示した、トップダウンの意図的戦略とボトムアップの創発的戦略を、事業の発展段階に応じて使い

> ### 図9-3　▶▶▶ 意図的戦略と創発的戦略の資源配分プロセス

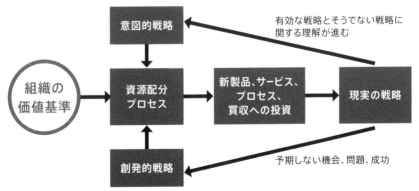

（出所）クレイトン・クリステンセン／マイケル・レイナー『イノベーションへの解』（翔泳社刊）

分ける、状況に基づく戦略策定の理論である。

　イノベーションにおける戦略は、この2つのプロセスが同時進行する中で明らかになると主張される。確実性の高い必勝過程では意図的戦略、不確実性が高く視界不良過程では創発的戦略を選択するとされるが、いずれからの由来でも資源配分プロセスというフィルターを通ってろ過され、意図的および創発的意思決定プロセスが合流して実際の戦略につながるとされる **(図9-3参照)**。

# ブルー・オーシャン戦略
## 【 Blue Ocean Strategy 】

　仏INSEAD（欧州経営大学院）のW・チャン・キム教授とレネ・モボルニュ教授が著した経営戦略に関する書籍、および同書で提案された経営戦略論の体系のこと。

　その要諦は、血みどろの戦いが繰り広げられる既存市場（Red Ocean：赤い海）から抜け出し、競争のない未開市場（Blue Ocean：青い海）を創出して競争を無効化することである。ブルー・オーシャンを切り開いた企業は、従来とは異なる戦略ロジックに従っているとされ、そのコンセプトとして同戦略の土台となるバリュー・イノベーションが必要と説かれている。戦略策定のための分析ツールやフレームワークとして、戦略キャンパスなどの具体的な手段が複数提案されている。

# 両利きの経営
## 【 Ambidexterity 】

　米スタンフォード大学経営大学院のチャールズ・オライリー教授と米ハーバード・ビジネス・スクールのマイケル・タッシュマン教授が、長年の学術的研究により明らかにした「両利きの経営（＝Ambidexterity）」に関する理論を、豊富なケースをもとに一般向けに解説した書籍のこと。

　企業は、現在の主力事業の生産性、品質やサービスを突き詰める「知の深化」に囚われがちで、これに偏るとイノベーションが枯渇する。よって、主力事業と

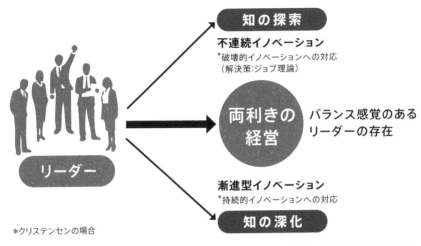

図 9-4

▶▶▶ 両利きの経営とイノベーションのジレンマ
トランスフォーメーション・トランジションの中で求められる企業行動

知の探索
不連続イノベーション
*破壊的イノベーションへの対応
（解決策:ジョブ理論）

両利きの経営

バランス感覚のある
リーダーの存在

リーダー

漸進型イノベーション
*持続的イノベーションへの対応
知の深化

*クリステンセンの場合

（出所）電気新聞2020年6月15日付テクノロジー&トレンド（オライリー&タッシュマン『両利きの経営』ほかを参考に筆者作成）

対立、矛盾する事業の可能性に挑戦する「知の探索」が必要となる。イノベーションに長けた企業ほど、こうした組織文化・行動原理としての矛盾を克服し、知の幅を広げつつ深化させる「両利きの経営」に優れているとされる。その実現のためには、トップのリーダーシップが重要であることを、著者らはその長年の研究から明らかにしている。

# デザイン思考

【Design Thinking】

　人間中心のデザインを行うプロセスでデザイナーが用いる特有の認知的活動、またはその方法論のこと。

　問題解決のために問題のパラメーターを徹底的に定義する科学的方法と対照的に、デザイン思考では問題に関する現在と未来の条件とパラメーターを考慮し、代替となる複数の解決方法が同時に探求される。そのステップは5 〜 7

段階あるとされ、代表的なものは、共感（Empathize）、定義（Define）、概念化（Ideate）、試作（Prototype）、試行（Test）となる。その各段階で発散思考と収束思考が繰り返される。

デザイン思考の起源は100年前に遡るとされるが、AI（人工知能）と認知科学研究の大家ハーバート・サイモンが1969年の著書「システムの科学（The Sciences of the Artificial）」により学問として体系化したとされる。米国では1990年代にIDEO社がデザイン思考のトレーニング提供を開始し、2000年代に「明日のビジネススクール」としてデザインスクールが注目を集めるなど、デザイン思考教育が充実している。デザイン工学者ロバート・マッキム以来のスタンフォード大学のd.schoolや、イリノイ工科大学のInstitute of Designなどが有名である。

## オープンイノベーション
【 Open Innovation 】

米カリフォルニア大学バークレー校ハース・スクール・オブ・ビジネスのヘンリー・チェスブロウ客員教授が米ハーバード・ビジネス・スクール助教授時代に提唱した概念。

イノベーションを起こすためには、企業は囲い込んだ研究者などの内部資源に頼るクローズドイノベーションだけでなく、大学・研究機関や他企業などの外部資源との積極的な連携活用が有効であるとされる。具体的には外部組織が持つテクノロジー、ナレッジ、データ、アイデアなどを活用し、ビジネスモデル、プロダクトやサービス開発、組織改革などにつなげるイノベーションの方法論の一つである。

オープンイノベーション興隆の背景には、研究開発コストの上昇、市場環境などの不確実性、資本市場から要請される短期的リターンなどが、徐々にクローズドイノベーションを困難にしてきたことも指摘されている。

# 概念実証（PoC）

【 PoC=Proof of Concept 】

　実現可能性を証明するために、ある種の方法論やアイデアを具現化すること、または、ある概念や理論の実用可能性に関する検証を目的とした原理上のデモのことである。

　量産前の問題点洗い出しを目的として作成されるプロトタイプ（原型）は完全に機能するものを目指すが、一般的にPoCはプロトタイプ作成のさらに前段階の位置付けとなり、通常は小規模で完全なものを目指すわけではない。ITにおけるシステム開発から新商品発売前のテスト・マーケティングなど、事業やサービス構想の段階でPoCを実施することにより開発や事業における不確実性が低下すると、資金提供者の投資判断上のリスク低減も期待できる。

# コーポレートベンチャーキャピタル（CVC）

【 CVC=Corporate Venture Capital 】

　事業会社がファンド組成を通してスタートアップ企業などに投資する活動のこと。

　ファンドは子会社設立などにより直接運営するタイプから、外部のVC（ベンチャーキャピタル）に運用・運営を委託するタイプまで様々な形態がある。大きなキャピタルゲインを狙う通常のベンチャーキャピタルとは異なり、CVCでは投資先との協業や本業とのシナジーを目的として設立されるものがほとんどである。また、外部企業の技術活用による自社の研究開発費削減を目的とする、オープンイノベーションの手段ともなる。

　グーグルやインテルなどのCVCが有名であるが、業種別CVC設立企業数は、インターネット関連企業、モバイル通信企業、ヘルスケア企業が上位を占める。

# 最高デジタル責任者（CDO）

【 CDO＝Chief Digital Officer 】

企業の経営幹部の中でデジタル戦略を包括的に担う責任者のこと。

従来から情報やIT戦略などを担ってきた最高情報責任者（CIO＝Chief Information Officer）とは別のポスト、ないしは改称されて設置されるケースが増えている。国内金融機関では、業務のデジタル化対応を担う最高デジタルトランスフォーメーション責任者（CDTO＝Chief Digital Transformation Officer）も登場している。CDOにはほかに、最高開発責任者（Chief Development Officer）や最高データ責任者（Chief Data Officer）の略である場合もあり、区別が必要である。

# プロダクトアウト／マーケットイン

【 Product Out／Market In 】

プロダクトアウトは、顧客ニーズよりも自社技術の利用を優先させてプロダクト（商品）開発などを行うこと。例えばアップルのように、創造的な商品を開発するだけでなく、それが提供する新たな価値を顧客にプロモーションする能力が高いと、結果的に独占・寡占的な市場を創出することができ、巨額の利益を得ることができる。

マーケットインは、顧客ニーズを優先し、そのニーズに応えるための技術および商品やサービスを開発すること。顧客ニーズの多様化などを背景に重視される手法であり、多くの企業が競合しても利益を得ることができる市場であればリスクも相対的に低いため、企業戦略としては採用しやすい。しかし、模倣が容易な商品やサービスになり、価格競争の激しいコモディティ市場になりやすい。

# サンクコスト／ストランデッドコスト

【 Sunk Cost／Stranded Cost 】

　サンクコスト（埋没費用）は、投下した資本や労働力（費用）のうち、対象の事業や活動を撤退や中止するなどしても、回収できなくなった費用のこと。損をしたくない、もったいないなどの理由でサンクコストにとらわれた結果、非合理的な意思決定が下されると、さらなる損失拡大に結び付くリスクがあることから、サンクコストは無視することが合理的とされる。

　ストランデッドコスト（座礁費用）は、規制産業における原価主義において投下された費用のうち、自由化により想定販売量の低下などで回収ができなくなった費用のこと。電力自由化の場合、回収を認めた国では規制当局の認可の下、電力料金とは別に料金を設定して全需要家から回収される。対象は国により異なるが、主に建設した発電所の固定費や撤去費用、長期買電契約・長期燃料購入契約等が該当する。

# プラットフォーム

【 Platform 】

　鉄道駅の旅客乗降や貨物荷役のプラットフォームのように、元は周辺よりも高くなった水平で平らな場所を指す言葉であったが、例えばコンピューターのオペレーティングシステムなどの基盤技術を指す用語など、様々な意味に転用されている。

　近年、ビジネスの場（基盤）やそれを提供する企業戦略などにも転じて用いられるようになった。プラットフォームビジネスの代表例としては、電子商取引（EC）、SNSなどが挙げられる。プラットフォーム戦略は二面市場でのプライシングをより有利にするため、無料でプレーヤーやユーザーを大量に引きつけ（フリーミアム）、ネットワーク効果を梃子に自社のプラットフォームを拡大することにある。個々の企業戦略においては、プラットフォーム間での競争優位性やリーダーシップなどを確保するため、イノベーションやデータ集積などでしのぎを削ることになる。

## プラットフォーマー
【Platformer】

様々なサービスをユーザーおよびサードパーティに提供するプラットフォーム（基盤）を運営する事業者のこと。

GAFA／BATのような巨大ITプラットフォーマーから、近年ではスマートフォン上のスーパーアプリにより様々なサービスをワンストップで提供する事業者、特定の財やサービスの提供を基盤にしつつ関連サービスなども含めて提供する事業者まで多種多様な形態があり得る。共通するのは、「規模の経済性」、「範囲の経済性」、「結合（連携）の経済性」や「ネットワーク効果（外部性）」を活かしたビジネスモデルが構築されている点にある。

## サービスプロバイダー
【Service Provider】

インターネット接続、アプリケーションホスティング、移動体通信などのサービスを提供する事業者などのこと。それぞれ、インターネットサービスプロバイダー（ISP）、アプリケーションサービスプロバイダー（ASP）、テレコミュニケーションサービスプロバイダー（TSP）と呼ばれる。

また、サーバーやネットワーク設備の状態監視やメンテナンスなどを遠隔で行うサービスを提供するマネジメントサービスプロバイダー（MSP）が近年注目されている。こうした電気通信業界の用語から転じたエネルギーサービスプロバイダー（ESP）は、明確な定義がないものの、エネルギー供給はもとより、高効率システムの導入と保守メンテナンスを通した最適エネルギーシステムの提案と設計、これらに必要な資金調達を含む総合サービスを提供する事業者のことを指す。

## シェアリングエコノミー
【Sharing Economy】

サービス、空間、モノ、スキル、お金などを、多くの個人の間で交換、融通、売買、貸借などを行うための共有型経済（シェアリングエコノミー）の仕組みのこと。

シェアリング自体は原始社会から存在するものであるが、インターネット上のプラットフォームやスマートフォンのアプリケーションなどを活用してシェアリングを実現し、またその仕組み自体で経済合理性を持つことが特徴。資源配分の新しい形であり、カーシェアリング、クラウドファンディングや配車、宿泊サービスなどに広がりを見せている。IoTの普及などと相まって、あらゆる分野へ広がると期待されており、社会の仕組みを大きく変えてしまう可能性を秘めている。

# 二面市場
## 【 Two-sided Market 】

プラットフォームが仲介機能を果たす構造をもつ市場のこと。二面プラットフォームまたは両面市場とも呼ぶ。

プラットフォームのようなネットワーク外部性が効く市場では、直接的契約関係にない相手と相互にネットワーク効果を及ぼし合うことで、需要（買い手）側と供給（売り手）側の取引が成立する。こうした市場はネットワーク効果の正の外部性をプラットフォームにより内部化しているともいえる。

### 図 9-5　▶▶▶ 二面市場（Two-sided Market）、二面プラットフォーム

| 買い手 | プラットフォーム | 売り手 |
|---|---|---|
| プレーヤー | ゲーム・プラットフォーム | ゲーム・デベロッパー |
| ユーザー | OS | アプリ・デベロッパー |
| ユーザー | 検索エンジン | コンテンツ提供者、メディア、広告主 |
| カード利用者 | クレジットカード、デビットカード | 小売店 |
| 利用客 | シェアリング・プラットフォーム（ウーバー、エアビーアンドビー、オープンテーブルなど） | サプライヤー |

(出所)ジャン・ティロール(2018)『良き社会のための経済学』をもとに筆者作成

プライシング（価格設定）については、ネットワーク効果の出し手（売り手）側で高くなり、受け手（買い手）側で低くなることが特徴的で、この間の相互補助によって決まる。これは従来の経済学が前提としてきた「限界費用でのプライシングが効率的」という考え方とは異なり、費用と価格の間に一義的な関係性がない。

## 柔軟性資源
### 【 Flexible Resources 】

　市場における需要と供給の変化により、その市場で取引されているある財が不足し、それが市場を崩壊させた場合に起こる供給途絶などが許されない市場において、その財の調整機能を提供する柔軟性（フレキシビリティ）を持つ資源のこと。

　電気事業の場合、再生可能エネ電源の連系量増加に伴い、需給バランス調整や周波数制御のために必要とされる調整力の増加が望まれている。従来型の電源に加え、蓄電池やデマンドレスポンス（DR）などの調整力が新たな柔軟性資源となると考えられている。

## カスタマーエクスペリエンス（CX）
### 【 CX=Customer Experience 】

　顧客（カスタマー）が商品やサービスを起用（購入）したことにより得られる経験、またはそれに至るプロセス全体を通して得られる「経験価値」を指す。

　米コロンビア大学ビジネススクールのバーンド・H・シュミット教授が提唱した「経験価値」には、①感覚的経験価値、②情緒的経験価値、③創造的・認知的経験価値、④肉体的経験価値とライフスタイル全般、⑤準拠集団や文化との関連付け──の5つの側面があるという。

　経験マーケティングでは、商品やサービス自体のマーケティングではなく、それらに付随する経験をマーケティングの対象としてデザインする。例えば、一流ホテルにおいては単に宿泊という機能だけではなく、そこで滞在することにより

得られる経験全体をデザインすることを指す。

# ユーザーエクスペリエンス（UX）

【 UX＝User Experience 】

　利用者（ユーザー）が、製品、システム、サービスなどを利用したことにより得られる経験や体験の総称。UXと略されることが多い。UXの実務家や研究者の間でUXの定義に関して明確なコンセンサスはない。

　良いUXをデザインするためにユーザー中心設計（UCD）や人間中心設計（HCD）などが用いられる。しかし、UXに影響する3要素（状況、ユーザー、システム）のうち、デザイナーにできることはシステムの意図的な設計のみであるため、システムのユーザビリティを高めるようにユーザーインターフェース（顧客接点）を設計することで、UXの向上が期待される。

# OMO

【 Online merges with Offline／Online-merge-Offline 】

　オンラインとオフラインの世界が融合した世界観のこと。マーケティング戦略としてはオンライン（インターネット）のeコマースなどを、オフラインのリアル店舗での展示や販売などと組み合わせたハイブリッド戦略のことを指す。顧客の購買行動だけではなく、デジタル技術やデータ活用を通して、CXやUXを中心に設計することが特徴。

　同種のマーケティング用語として、O2O（Online to Offline）は、オンラインの情報を起点にリアル店舗（オフライン）への顧客の購買行動を誘導するマーケティング戦略である。また、オムニチャネルはオンラインのWEBサイトやeコマース、オフラインのリアル店舗だけではなく、コールセンターやカタログ販売など、あらゆる流通・販売チャネルを連携させ、どのチャネルへも購買行動をシームレスに誘導するマーケティング戦略のことである。

# STEM教育
【 すてむきょういく 】

STEMはScience, Technology, Engineering and Mathematics の略で、科学・技術・工学・数学の各分野の統合的な教育のこと。

起源は2000年代の米国にあり、初等から高等教育までの幅広い段階の教育プログラム策定において議論され、理数系人材の早期教育が目指されてきた。日本でも、社会における今後のデジタル化の進展を見据え、教育政策の議論の中で言及されることが近年増えている。

# ムーンショット型研究開発制度
【 むーんしょっとがたけんきゅうかいはつせいど 】

ムーンショット（Moonshot）の考え方に基づいた、日本発の破壊的イノベーションの創出を目指す、総合科学技術・イノベーション会議（CSTI）が推進する研究開発制度のこと。

ムーンショット自体は、極めて困難かつ膨大な費用がかかるが、実現すれば大きな効果をもたらす、未来社会を志向した壮大な計画や試みのことを意味する。元々はアメリカ合衆国第35代大統領ジョン・F・ケネディのアポロ計画における「1960年代中に人類を月面に着陸させ、無事に地球に帰還させるという目標」のことを指している。近年ではこうした国家目標だけでなく、Googleなどの先進企業における経営戦略としてムーンショットを志向することが表明されている。

# インキュベーター
【 Incubator 】

起業前のアイデア段階から起業に関する全般的な支援を行う事業者、投資家、篤志家などの組織・団体や個人のこと。

こうした起業支援活動に関する概念全体をインキュベーションといい、大手企

業内の起業支援制度や外部のスタートアップ起業支援制度などのことをインキュベーションプログラムなどと呼んでいる。鳥類や魚類などの卵を人工的に孵化させるための孵卵器が語源である。

　起業支援には、オフィスや設備などを低廉または無料で貸し出すハード面の支援から、経営管理や企業運営におけるアドバイス、出資を含む資金調達、業界ネットワークや技術関連へのアクセスなどのソフト面での支援まで多岐にわたる。一般的には米国における起業支援の仕組みは洗練されており、世界的に見ても充実している。資金面での支援がメインとなるVCと比較すると、スタートアップ企業の育成がメインとなる。

# アクセラレータープログラム
## 【 Accelerator Program 】

　インキュベーションプログラムでは起業前からの支援を含むことに対し、アクセラレータープログラムの場合は起業後かつプロトタイプが完成している既存スタートアップ企業の成長加速を後押しすることが目的となることが多い。また、一般的にプログラム主催者からの出資額はベンチャーキャピタル（VC）と比較すると少ない。創業直後のスタートアップ企業を支援するメンター主導型のものは特にシードアクセラレータープログラムと呼ばれている。

　米シリコンバレー最強のスタートアップ養成スクールと呼ばれる2005年創業のYコンビネーター（Y Combinator）が代表格であるが、他には2006年米コロラド州で創業されたテックスターズ（TechStars）などがある。また、大手企業などが主催するものはコーポレートアクセラレータープログラムと呼ばれている。

　アクセラレータープログラムを通して自社の新規事業開発とのシナジーや共創を狙いとしたものや、オープンイノベーションの一環として手掛けられるものなど目的は様々である。国内でも2010年半ば頃よりこうしたプログラムを手掛ける既存企業が急増している。

# ハッカソン
## 【 Hackathon 】

　ハッカソンとは、ハック（Hack）とマラソン（Marathon）を掛け合わせた造語であり、ソフトウェア関連の開発イベントである。

　ソフトウェア・プログラマーなどのエンジニア、グラフィックデザイナー、ユーザーインターフェース設計者、マーケティング担当者、プロジェクトマネージャーなどが、与えられたテーマに対して、個人、チーム、または参加者全体で、1〜数日程度の短期間にアプリケーション、システムやサービスなどを集中開発し、成果物であるプロダクトの優劣を競う。

　ソフトウェアだけではなく、近年のメーカーズムーブメントの影響で、ハードウェアをテーマとしたハッカソンも実施されており、果てはアート・音楽にも波及している。開催形態は企業内で実施されるものや、一般に参加を募るオープンなものまで様々であり、後者の場合はオープンイノベーションやソーシャルイノベーションを目的として開催される場合もある。

# アイデアソン
## 【 Ideathon 】

　アイデアソンとは、アイデア（Idea）とマラソン（Marathon）を掛け合わせた造語であり、1990年代から米国IT業界で使われ始めたとされているが、新しいアイデアを生み出すために行われるイベントのことを指している。

　ハッカソンのようにモノを生み出すものではなく、アイデアを生み出すことに重点を置いたイベントである。アイデアソンがハッカソンの練習台となることもあるが、近年ではアイデアソン単独で開催される場合はエンジニアだけのハッカソンよりも参加におけるハードルが下がっており、学生の参加も多くみられるようになった。

# アジャイル開発
【 Agile Software Development 】

ソフトウェア開発手法の一つ。「計画重視」手法であるウォーターフォール開発では、要件定義、分析、設計、実装、テストの各工程を計画された順序に従って厳格なプロジェクトマネジメントを行う。一方、「適応的開発」手法であるアジャイル開発の多くは反復（イテレーション）と呼ばれる短い期間単位の採用により開発リスクの最小化を目指す。1つの反復期間は週単位であることが多い。

アジャイル（agile）の意味は「迅速な、機敏な」であり、「巧遅よりも拙速」が優先されることから、利用可能なシステムを早期に構築し、継続的に改良を行うことが重視される。

# ソフトウェアコンテナ
【 Software Container 】

ソフトウェアの開発をクラウド上のコンテナ（箱）単位で行う手法のこと。

テクノロジー進化が加速している領域では、数年単位の期間が必要となる従来のソフトウェア開発手法だと、その間に陳腐化するリスクが高まっている。これを回避して柔軟な開発環境を確保するため、ソフトウェア開発の高速化を実現する手法として注目されている。

複雑な制御が必要な戦闘機などのソフトウェア開発、頻繁にソフトウェアの更新が必要になると考えられているコネクティッドカーやIoTプラットフォームの基盤ソフトウェアなどで活用されることが期待されている。

電力デジタル革命と電気事業制度 ④

# イノベーションと新しい経済モデルによる電気事業の可能性

　日本で電力システム改革を経た電気事業において、今後のイノベーション領域を簡単に考えてみたい。以下では、筆者が執筆に参加した公益事業学会編『公益事業の変容　持続可能性を超えて』(関西学院大学出版会) をもとに説明する。

　電気事業は公益事業の一つであり、公益事業は伝統的ネットワーク産業でもある。こうした産業を対象とし、時間軸的には規制下から自由化の時代まで、ミクロ経済学・産業組織論を中心とした大量の研究・論考がある。これらで論じられた重要なエッセンスやプリンシパルを踏まえず、この産業でイノベーションを目指すことは、対象領域を見誤ると事業として失敗するだけでなく、大きなリスクとして跳ね返ってくる。

　まず、図1にはそのネットワーク産業が規制改革を経た上で、競争領域と規制領域が分離し、さらに今後ますますフォーカスされると考えられている各産業におけるプラットフォームとの関係性を示した。併せて、これからの公益事業 (右側) へとトランスフォーム (変遷) する姿を描いた。

　電気事業におけるイノベーション領域を検討するため、図1の右側部分をトリミングして補足したものが図2である。電気通信事業

の場合、ネットワーク事業者が②でいわゆる「土管化」しており、一部サービス提供の部分もあるものの、基本的にインフラである。電気通信事業を含む、技術革新の激しい情報通信技術（ICT）では①と④を区別する意味は現代ではあまりないが、巨大ITプラットフォーマーがインターネット上で独占・寡占している領域は④

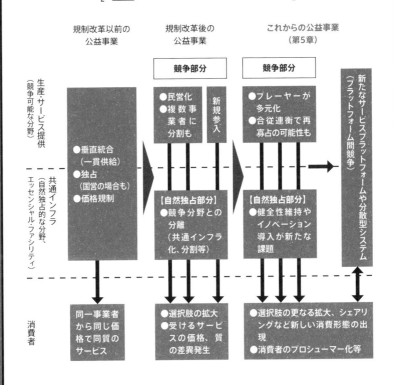

[ **図1** 公益事業における規制改革の進展 ]

規制改革以前の
公益事業

規制改革後の
公益事業

これからの公益事業
（第5章）

生産・サービス提供
（競争可能な分野）

共通インフラ
（自然独占的な分野、
エッセンシャル・ファシリティ）

消費者

競争部分

競争部分

●垂直統合
（一貫供給）
●独占
（国営の場合も）
●価格規制

●民営化
●複数事業者に分割も

新規参入

●プレーヤーが多元化
●合従連衡で再寡占の可能性も

新たなサービスプラットフォームや分散型システム
（プラットフォーム間競争）

【自然独占部分】
●競争分野との分離
（共通インフラ化、分割等）

【自然独占部分】
●健全性維持やイノベーション導入が新たな課題

同一事業者から同じ価格で同質のサービス

●選択肢の拡大
●受けるサービスの価格、質の差異発生

●選択肢の更なる拡大、シェアリングなど新しい消費形態の出現
●消費者のプロシューマー化等

（出所）公益事業学会編『公益事業の変容 持続可能性を超えて』第3章 p.59

に当たる。①を電気事業に無理やり当てはめると、コンピューターサーバーやクラウドサービスが発電、アプリケーション層が小売に相似するともいえる。電気事業の場合、この構図が将来どのような変遷を遂げるのか現時点では未だ答えが得られていない。電気事業全体で既存勢力も新規参入者も渾然一体となるのか、あ

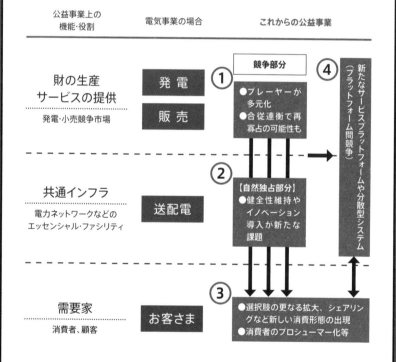

[ **図2** 電気事業におけるイノベーション領域 ]

| 公益事業上の機能・役割 | 電気事業の場合 | これからの公益事業 |
|---|---|---|
| **財の生産サービスの提供**<br>発電・小売競争市場 | 発電<br>販売 | **競争部分** ①<br>●プレーヤーが多元化<br>●合従連衡で再寡占の可能性も |
| **共通インフラ**<br>電力ネットワークなどのエッセンシャル・ファシリティ | 送配電 | ②<br>【自然独占部分】<br>●健全性維持やイノベーション導入が新たな課題 |
| **需要家**<br>消費者、顧客 | お客さま | ③<br>●選択肢の更なる拡大、シェアリングなど新しい消費形態の出現<br>●消費者のプロシューマー化等 |

④ 新たなサービスプラットフォームや分散型システム（プラットフォーム間競争）

(出所)電気新聞2020年6月1日付テクノロジー&トレンド(『公益事業の変容 持続可能性を超えて』第5章 p.82に加筆)

るいはサービス領域で断トツのナショナルNo.1が抜け出てくるのか、そしてそれを誰が担うのかを考えるオープン・クエスチョンでもある。長期的には再生可能エネ大量導入によりkWhの価値がなくなると指摘されている中、GAFAなどがインターネット上で提供するいわゆる二面市場（両面市場）と呼ばれるものが電気事業でも起こり得るのか、現時点では妄想に過ぎない。

　しかし、電気事業がそうした新しい経済モデルに支配される世界とならずとも、③における消費者行動が変わることは十分に予想される。また、もしそうした新世界が出現した場合、②においても託送料金の概念は消失し、電力サブスクリプションの世界が到来するかもしれない。持続的イノベーションの世界から破壊的イノベーションの世界に引き摺り出される可能性があるということである。

　いずれにしても、こうした変化にワクワクできるくらいでないとイノベーション云々を語ることは難しいであろう。

第 **10** 章

——

2020年代の
電力デジタル経営

introduction

## 第10章 ｜ イントロダクション

2020年は、今後の社会のあり方に大きな影響をもたらす重大な出来事が複数あった。

その最大のものは、年初からの新型コロナウイルスの感染症拡大である。感染拡大防止に向けた様々な防疫対策を巡っては、三密回避などが要請されたことにより、人々にその行動変容を促した。ビジネス活動にも直接・間接に変革をもたらしつつあるが、業績などにおいては業種間で明暗の差が広がり始めている。

図 10-1 ▸▸▸ 2020年代の電力デジタル経営

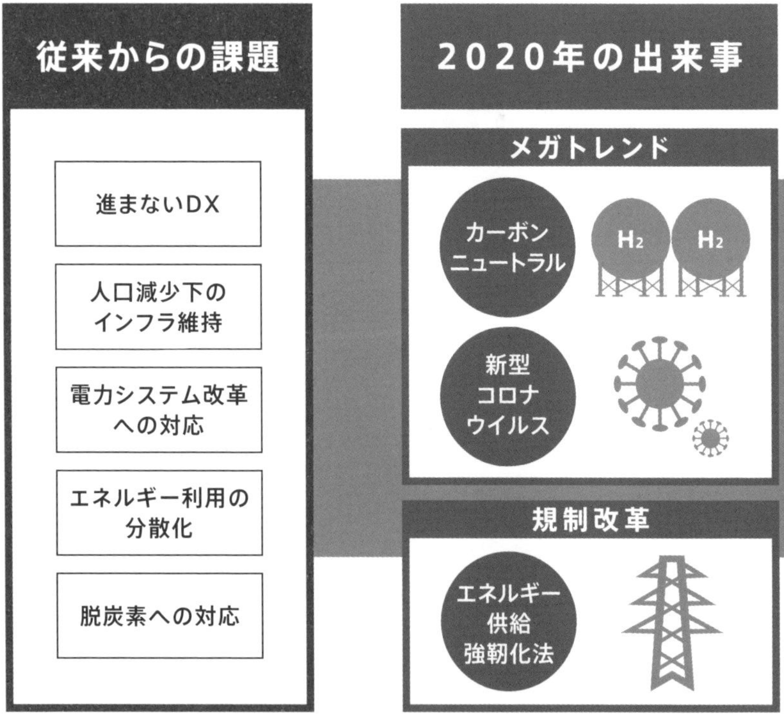
従来からの課題
進まないDX
人口減少下の
インフラ維持
電力システム改革
への対応
エネルギー利用の
分散化
脱炭素への対応
2020年の出来事
メガトレンド
カーボン
ニュートラル
H2
H2
新型
コロナ
ウイルス
規制改革
エネルギー
供給
強靭化法

電気事業においても大きな節目となる送配電部門の法的分離が4月に実施され、またその法的分離後初の電気事業法の一部改正が6月に成立した。アグリゲーターライセンス、計量制度の緩和、情報銀行についてはこれまでの章で言及したが、配電事業ライセンスの取り扱いについても、各社が企業戦略を策定する上で考慮するべき重要項目となっている。

さらに、9月には政権交代があり、発足した菅義偉政権により打ち出された政策の一つである「2050年カーボンニュートラル」達成と、その実現に向けたグリーン成長戦略にも電力業界は対応して行かねばならない。

## 電力デジタル経営のアジェンダ

- ✓ ポストコロナの行動変容による影響への対応
- ✓ 新常態（ニューノーマル）における新たな課題への対応
- ✓ 多様な働き方改革と生産性革命への挑戦
- ✓ DXの加速による電力デジタル革命の完徹
- ✓ DX時代のガバナンス構築とデジタルリスクマネジメント
- ✓ コミュニティベースでのインフラの維持
- ✓ 複合災害に向けたレジリエンスの強化
- ✓ コンパクト、スマート&スーパーシティの推進
- ✓ グリーンイノベーションへの果敢な取り組み
- ✓ 2050年カーボンニュートラルの達成

（出所）筆者作成

# ポストコロナにおけるDXの現状

　ポストコロナについて語られる際、リーマンショックの景気大後退以来、ニューノーマル（新常態）[»p.285]という言葉が再び多用されるようになった。コロナ禍の影響から、ここ1年の間でライフスタイルの変化や社会システムの今後の在り方に関する議論が各所で高まったが、今語られているニューノーマルのすべてがわずか10年先まで続く持続的なものであるのかさえも良くわからない。しかし、元へは戻り難い大きなライフスタイルの変更を人類に強いたことだけは確かなようである。そして、これらがデジタル化の流れを加速させざるを得ない状況を生んでいる。

　新型コロナ感染症拡大局面において、行政におけるデジタル化の未対応ぶりが浮き彫りになり、これが安倍政権の支持率を下げる要因の一つともなった。その後、医療におけるオンラインでの遠隔診療・調剤・服薬指導、教育における遠隔授業・講義、最近では確定申告など、一定のデジタル化の効果が見え始めてはいる。後続の菅政権は、デジタル庁の創設を含むデジタル政府[»p.286]の推進を掲げており、さらなる施策が打ち出されて行くと見られている。

　民間企業も程度の差こそあれ、政府のこうした課題対応を対岸の火事として済ますことができない状況にある。リモートワーク[»p.296]も徐々に浸透し始めているが、逆にいうとその程度しかDXが進んでいないことが、経済産業省が取りまとめているデジタル経営改革のための評価指標、いわゆる「DX推進指標」の最新レポート（2020年12月）で明らかに

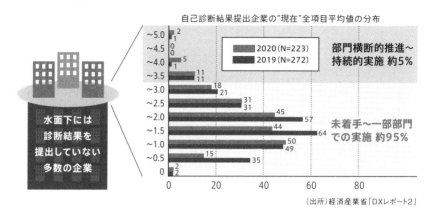

## 図 10-2 ▶▶▶ DX推進指標自己診断結果

自己診断結果提出企業の"現在"全項目平均値の分布

凡例: 2020(N=223) / 2019(N=272)

部門横断的推進～持続的実施 約5%

| 範囲 | 2020 | 2019 |
|---|---|---|
| ~5.0 | 2 | 1 |
| ~4.5 | 0 | 0 |
| ~4.0 | 5 | 1 |
| ~3.5 | 11 | 11 |
| ~3.0 | 18 | 21 |
| ~2.5 | 31 | 31 |
| ~2.0 | 45 | 57 |
| ~1.5 | 44 | 64 |
| ~1.0 | 50 | 49 |
| ~0.5 | 15 | 35 |
| 0 | 2 | 2 |

未着手～一部部門での実施 約95%

水面下には診断結果を提出していない多数の企業

（出所）経済産業省「DXレポート2」

なっている。これによると、診断対象となっている223社において、その約95％の企業がDXに未着手であるか途上にあり、その対応が不十分であるとの回答結果が出ている**（図10-2）**。こうした状況は日本の国際競争力低下が顕著となって久しいことと無関係ではないと考えられる。

　東日本大震災後にもリモートワークの重要性が認識されていたが、多くは災害時の一時的な緊急対応と例外視され、セキュリティ対策へのハードルの高さなどから、それが恒常化することはなかった。その後の働き方改革やDXブームなどの議論においても、前例踏襲主義の前に本質的なイノベーションを引き起こすには至らなかった。そうした状況で発生したコロナ禍は、日本のリモートワーク比率が欧米と比べて低いことを顕在化させた。今回はここからの進歩があっただけでもベターとポジティブに捉えることもできる。しかし、デジタル技術により切り拓かれようとしている新しい未来に、これ以上の無作為はもはや許されないため、実効性のあるDXへの取り組みが求められる。

# DXの課題とデジタルリスクマネジメント

　非接触、無人化などをキーワードとした**非対面経済 [»p.292]**の拡大はビジネスモデルへの変革をあらゆる組織に迫っている。Harvey NashとKPMGの合同サーベイである「CIO調査」は、その開始から22年の歴史を持つが、世界の4,200人以上のCIOから回答を得た最新の2020年度版によると、ポストコロナでも在宅勤務が中心となる従業員の割合は半数近くに及ぶと見られている**(図10-3)**。

　よって、少なくともニューノーマルとして世界中で普通に定着しそうなリモートワークの浸透程度でDXが足踏みをしているだけでは、コロナ禍の影響を乗り越えるには覚束ない。なぜなら、デジタル化の進展は側面的な問題でしかなく、ポストコロナでは従来の表面的な「働き方改革」ではない、本質的な生産性改革を組織に迫っているからだ。

**図 10-3** ▶▶▶ ポストコロナで在宅勤務が中心となる従業員の割合

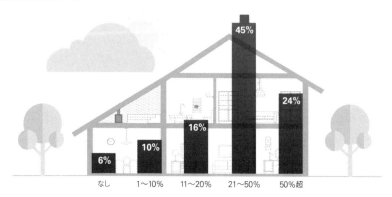

（出所）Harvey Nash／KPMG 2020年度CIO調査

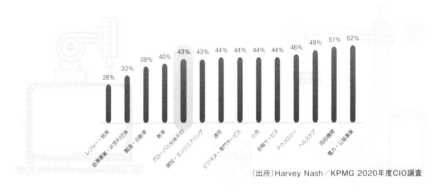

**図 10-4** ▶▶▶ 業種別のテクノロジー予算増加予想

- レジャー・娯楽 26%
- 公務事業・非営利団体 32%
- 製造・自動車 38%
- 教育 40%
- グローバル全体平均 43%
- 建設・エンジニアリング 43%
- 通信 44%
- ビジネス・専門サービス 44%
- 小売 44%
- 金融サービス 44%
- テクノロジー 46%
- ヘルスケア 49%
- 政府機関 51%
- 電力・公益事業 52%

（出所）Harvey Nash／KPMG 2020年度CIO調査

　ペーパーレスなどの業務効率化だけではなく、例えばメンバーシップ型雇用と呼ばれる日本型雇用から、業務内容に基づいて必要な人材を確保するジョブ型への移行や、特定の組織に縛られずに多様性ある働き方を求める**ギグエコノミー**【»p.299】への対応も必要となる。こうした新しい働き方を推進することはDXへの取り組みと表裏一体となる必要もある。また、優秀な人材を確保することは組織の栄枯盛衰に関わる重大事であることを考えれば、大きな課題となることは論をまたない。

　一方、テクノロジーへの先行投資の状況はどうであろうか。**図10-4**は前出のサーベイに基づき、今後1年間のテクノロジーへの予算増加予想をセクター（業種)別に示したものである。これを見ると、需要が減少ないしは蒸発してしまった業種にこうした予算への余力が失われていることが見て取れるが、他業種との比較ではコロナ禍でも需要が安定していた「電力・公益事業」がトップに躍り出ている。世界での調査結果が、そのまま日本国内に相似形になるとは限らないが、個別の企業競争力に内外差や内々差が出始めると、デジタルに関連した新し

いビジネスを軸に、それぞれのセクター内でも一定の合従連衡は起こり得よう。

　電気事業として規制改革や市場競争などの眼前の環境変化を捉えつつ、公益事業・インフラ産業として長期的な視点でどのような事業戦略を描くべきかが大きな論点となるが、DX戦略を検討することに限っては、これまでの尺度や価値観が必ずしもフィットしない場合の方が多いと思われる。各デジタル技術の盛衰スピードは早く、仮にそれが広く普及した技術であったとしても、自社のビジネスにフィットするかどうかの見極めのために実証実験（PoC）などに時間をかけ過ぎると、その技術やビジネスモデル自体が陳腐化してしまうリスクもある。

　実効性をさらに上げるために、さらなる推進を図るべきDXが思惑通りに進展すると、新たな課題も浮き上がっている。ITインフラの整備・投資効果の評価、セキュリティ対策の高度化、これらすべてを俯瞰したデジタルガバナンスを高めて行く必要がある。それに向けては、

**図 10-5** ▶▶▶ デジタルリスクマネジメントの基本コンセプト

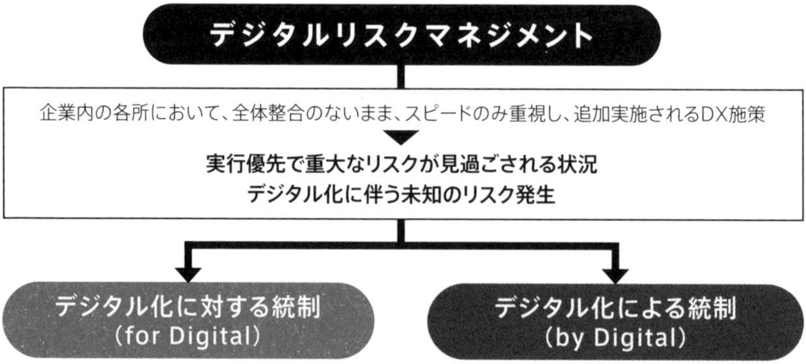

**デジタルリスクマネジメント**

企業内の各所において、全体整合のないまま、スピードのみ重視し、追加実施されるDX施策

実行優先で重大なリスクが見過ごされる状況
デジタル化に伴う未知のリスク発生

デジタル化に対する統制
（for Digital）

デジタル化による統制
（by Digital）

（出所）KPMGコンサルティング

図 10-6 ▶▶▶ デジタルリスクマネジメントにおける各種ソリューション

## デジタルリスクマネジメント

| デジタル<br>ガバナンス | データ<br>マネジメント | インターナル<br>コントロール | コンプライアンス | テクノロジー<br>マネジメント |
|---|---|---|---|---|
| デジタル<br>ガバナンス診断 | データ分析<br>態勢構築 | セキュリティ<br>管理態勢<br>ペーパレス化対応 | 電子帳簿<br>保存法対応<br>(ペーパレス化・プロセス改善) | RPA<br>ガバナンス構築 |
| デジタル<br>ガバナンス構築 | データマネジメント<br>態勢構築 | 内部統制<br>デジタルトランス<br>フォーメーション | コンダクトリスク<br>モニタリング構築 | リモートワーク環境<br>IT・NW<br>セキュリティ |
| DXプロセス<br>マネジメント構築 | データ分析<br>実行支援 | 内部統制<br>テスティング<br>オートメーション | プライバシー<br>法規制<br>コンプライアンス | IoTセキュリティ／<br>スマート<br>ファクトリー構築 |
| データ活用<br>内部監査・<br>モニタリング | AIガバナンス<br>構築 | GRC<br>プラットフォーム<br>構築 | プライバシー<br>マネジメント<br>プラットフォーム構築 | クラウド<br>ガバナンス・<br>セキュリティ |

※代表的なもののみを記載　　　　　　　　　　　　　　　　（出所）KPMGコンサルティング

統合的な「デジタルリスクマネジメント」も必要となる。

　**図10-5**にその基本的なコンセプトを示したが、コロナ禍において、企業が主導するワークスタイルの変革には、社会的な要請も加わって様々な対応が求められている。他方、急激なリモートワーク、ペーパレス、ワークフロー導入などを推進するにつれ、ガバナンスの欠如や新たなリスクの顕在化などで様々な課題が頻出しており、**図10-6**で示したようなソリューションを援用して解決する必要がある。

　DX推進においては様々な批判もある中、評論家的な議論に時間を空費することにも、早晩余裕がなくなりそうである。後述のカーボンニュートラルに向けた**GX（グリーントランスフォーメーション）**[»p.285]でも同じ轍を踏まないようにアジリティ（敏捷性）を高めるべ

きであるが、置かれている環境はますます複雑さを増すばかりだ。よって、これら複合的に発生している諸問題をホリスティック（包括的）に捉えた戦略策定が必須となる。実効性のあるDXやGXを真剣に考えるのであれば、その前に**CX（コーポレートトランスフォーメーション）** [**»p.286**]こそが必要であり、それが一丁目一番地であるという至極当然なことをここでは指摘しておきたい。コロナ禍は失われた30年から脱却する最後のチャンスとも言われていることを肝に銘じるべきだ。

## インフラ維持と複合災害対応レジリエンス

2020年6月成立した改正電事法は、再生可能エネ特措法やJOGMEC法の改正と束ねてエネルギー供給強靱化法と呼ばれるが、その名の通り、強靱かつ持続可能な電気供給体制の確立を図ることが法律改正の目的である。その内容を見ると、デジタル技術の活用なくして実現させることが難しいものが多数あり、特に**配電事業ライセンス**[**»p.290**]の新設ではレジリエンス（強靱性）の強化や設備維持と保守コストの低減も想定されている。一方、配電事業への新規参入にあたってはIoTやAIなどのデジタル技術やデータアナリティクスの活用が期待されている。

最近再び**スマートシティ**[**»p.33**]、コンパクトシティが話題に出ることが多くなった。コンパクトシティはバブル期の無秩序な郊外への拡大を省みて、1990年代から都市政策の主流となってはいるものの、目覚ましい変化を見ることがないまま今日に至っている。人口減少や

少子高齢化が進む現在、インフラ維持は日本の重要な社会課題となっており、コンパクトに住まうための解決策としては、インフラの縮退も視野に入れるべきであろう。2020年9月には改正都市再生特措法が施行されたが、今後の具体的な展開を注視する必要がある。

　一方、「まるごと未来都市」の実現を掲げる**スーパーシティ構想[»p.287]**が政府から打ち上げられており、前述の社会課題と同時並行的なソリューションを構築するため、様々な実証実験も進められているところである。もっとも、スマートシティやスーパーシティ関連のこうした取り組みにおいて、エネルギービジネスの分野からはどのようにアプローチするべきなのか、至近の一連の議論においては存在感が薄いことが少々気掛かりである。地域との共存という観点で、こうした課題解決へのビッグピクチャーを各事業者が描けているのかが、今後は問われることになるであろう。

　例えば、配電事業ライセンスの応用を考えた時、エネルギー事業者がイニシアチブを取り、地域の総合ユーティリティの主体的事業者になる、あるいは自治体や異業種の企業などが主体となる場合、プラットフォームを構築した上でサービスとしてサポートするなど、様々なビジネスプランが考えられる。

　以下は、あくまでも試案であり、また都市とその郊外、あるいは地方は分けて考えるべき問題ではあるが、例えば送電事業者（TSO）と配電事業者（DSO）を分離し、DSOが自治体などと共同企業体を作るなどで連携し、他のインフラとバンドリングする。さらに、DSO内の小売電気事業者とのファイア・ウォール（規制・非規制領域間の隔壁）を適切に置けば、コミュニティ・ユーティリティ（地域公益事業）が成

立するのではないか。

　インフラのプラットフォーム上にデジタル化技術の活用を検討することは言うまでもない。また、地域の住人がそこに住み続けたいという意思を持ち、主体的に運営されることが前提であり、首長のやる気次第ではアセットを自治体所有に移行して、エネルギー事業者はO&Mを主体に収益で稼ぐモデルに切り替え、バランスシートを軽くするという戦略をとることも可能だ。

　日本でも地域電力設立のコンセプトとして、ドイツの**シュタットベルケ**[»p.291]がビジネスモデルや設立理念として標ぼうされることが過去にも多数あったが、ただでさえ歴史的背景や電力供給体制がドイツとは大きく異なる上に、地域のネットワークインフラを持たないこうした日本の組織のほとんどは、本家シュタットベルケのありさまには遠く及ばないのが現状である。しかし、今後は本当の意味での日本版シュタットベルケを設立する道が開けたと考えることもできる。

　一方、コロナ禍で外出自粛が求められるなか、日本ではもともと地震や台風などの災害の多い点が憂慮され、複合災害発生のリスクも指摘されてきた。スーパーシティ構想や改正都市再生特措法の施行は、こうした点への解決策を探る動きでもある。都市計画はこれまで、防災・減災に強い街づくりが考慮されてきたが、コロナ禍により安全衛生への意識が高まったいま、防疫・減疫の観点からの都市形成も必要となろう。

　電力データ活用や配電事業ライセンスで想定されていることは、第一には災害対策だが、こちらにも防疫の観点が求められる。**オープンソース**[»p.291]時代のオープンデータ戦略として、コロナ禍では感染経路探索や感染者との接触回避のために携帯電話の位置情報活用が注

図 10-7 ▶▶▶ スマート・コミュニティ・ユーティリティのイメージ

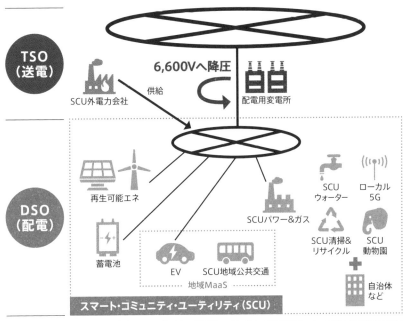

（出所）電気新聞2020年5月25日付テクノロジー&トレンド「日本版シュタットベルケは実現するのか」

目された。電力データも防疫面での活用可能性は検討できるであろう。また、スマートシティなどの都市計画に配電事業ライセンスを組み合わせ、より主体的に都市形成に関与するという戦略も考えられる。

## 2050年カーボンニュートラルとグリーン成長戦略

菅政権により2050年の**カーボンニュートラル**【»p.306】達成を目指

すという意欲的な政策が打ち出された。それに伴う「**グリーン成長戦略[»p.308]**」では、成長が期待される産業として14分野が選び出され、それぞれでの高い目標とその達成に向けたロードマップが既に策定されている。地球温暖化対策をコストや経済成長の制約と考える時代が終わり、国際的に成長の機会と捉えるべき時代に突入したとされている。この目標達成のためには、各企業のビジネスモデルや戦略を根本から変えるような大胆な発想の転換が求められてもいる。もっとも、行動経済学が教えるところのフレーミング効果によりこうした発想の転換が図られ、期待されるイノベーションを起こすことが可能であれば、新規事業創出などで誰も苦労することはない。

　そうした厳しい現実に直面している強い危機感が、政府から発表されている資料からもストレートに伝わってくるが、政策主導によりこの種のイノベーションが演繹的に起こせるのかについては、どこまでも疑問が残る。本書との関係でこの時点でいくつかポイントを挙げておくとすれば、GXもDXも、その促進についての発想の起点は同じだということだ。異なる点は、KPI（重要業績評価指標）などで設定される定量的な数字が、各事業体で主体的に決められるか否かだけである。また既に述べた通りであるが、多くがGXやDXの前にCXが必要というステイタスである以上、スポーツを日常的に行わない人間がいきなりオリンピックを目指すぐらいの覚悟が必要になる。

　もちろん第6章でも言及したが、この潮流はモビリティのあり方にも大きな影響を与えている。目的がカーボンニュートラルであるため、EVや電池のコストが劇的に低下する前に、輸送に相応のコスト負担ができないものや、リアルな活動に求められるプレミアムを支払うこ

図 10-8 ▶▶▶ カーボンニュートラルの産業イメージ

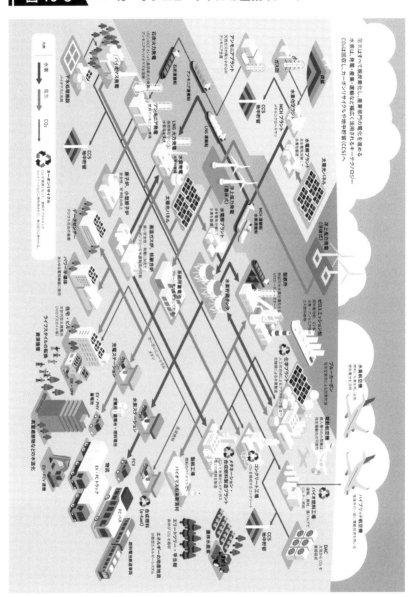

(出所)経済産業省資源エネルギー庁HP

とができないケースは、前著の第2章から既に指摘している通り、移動せずに済ませる技術の活用をむしろ積極的に考えるべきかもしれない。EVシフトについては欧米勢に大言壮語の感ありという印象も拭えないが、自動車の稼働率を上げるシェアリングエコノミーの普及とコロナ禍による物流以外の公共交通の壊滅的打撃を見るに、この分野については早晩ルビコン川を渡るのかもしれないという予感を持つ。発想の転換というものが、これくらいのレベルの話であれば理解ができるというものだ。

　最大の疑問は2050年に何故カーボンニュートラルが必要なのかという問いには、論理的には答えられていない点である。日本に限らず、この目的関数の妥当性が説明されていない以上、この政策自体がどこまでサステナブルなのかも注視して行く必要があるだろう。もっとも、我々がそこまで生きながらえて証人として見届ける必要があるが。

# ニューノーマル
【 New Normal 】

危機のプレ・ポスト（前後）で生じた大きな構造変化後の、世界の新しい状態を表現する言葉のこと。

日本語では「新常態」ともいい、類義語としてニューリアリティなどとも言われる。2020年の新型コロナウイルス感染拡大により、海外ではロックダウン（都市封鎖）が各地で実施され、日本でも緊急事態宣言が発出されるなど、人々の活動に大きな制約がかかり、結果として現れた行動変容やライフスタイルの大きな変化などを鑑み、それらをニューノーマルとして議論されることが急増した。

元々は2007〜2008年にかけて発生したリーマンショック後の世界金融危機や、その後2012年までにかけて発生した大景気後退後の、金融の新たな状態を説明する用語として多用されていた。その後、次第に様々なコンテクストで使われるようになり、一種のバズワード（専門的流行語）となっている。

# DX／GX／CX
【 Digital Transformation／Green Transformation／Corporate Transformation 】

DX（ディーエックス）とは、デジタル技術の活用などにより企業などの組織や社会システムが、より良いものへと変貌を遂げる概念である「デジタルトランスフォーメーション」の略称のこと。

2004年にスウェーデン・ウメオ大学のエリック・ストルターマン教授らが、論文 "Information Technology and the Good Life" で提唱した「進化し続けるITテクノロジーが人々の生活を豊かにする」という概念を表すキーワードの一つとして取り上げたことが最初であるといわれている。

GX（ジーエックス）とは、企業や社会で脱炭素化に向けた変革を推進する「グリーントランスフォーメーション」の略称のこと。

日本でも2020年に菅政権がカーボンニュートラルやグリーン成長戦略を掲げるようになってから、企業が温室効果ガス排出ゼロを目指す戦略として、DX同様に標榜するところが増えている。「エネルギートランスフォーメーション」や「ゼロカーボントランスフォーメーション」などのバズワードも目指す方向性や意図する内容が似ている類義語である。

　CX（シーエックス）とは、企業などの組織やビジネスモデルを根本的に変革する「コーポレートトランスフォーメーション」の略称のこと。

　組織の価値創造を高めることや毀損を回避することが目的となるため、場当たり的ではない本質的変革が必要となり、組織メンバーの価値観、働き方や生き方、組織の文化までも変えることが求められる。また、DXやGXに立ち向かう組織が前提として必要なものがCXであるといわれている。なお、カスタマーエクスペリエンスの略称と同じで紛らわしいが、意味は全く異なる。

　英語ではtrans-やcross-などをXと略すことから、こうした2文字略称が用いられることが多い。

# デジタル政府

**【 Digital Government 】**

　行政分野での情報通信技術（ICT）の活用と、これらとセットで業務等を見直すことにより、行政の合理化、効率化及び透明性の向上や国民の利便性向上を図ることを目的とした政府のこと。デジタルガバメント、電子政府とも呼ばれる。99％の行政サービスを電子化したとされるエストニア政府が有名である。

　日本では、総務省行政管理局が政府CIOと協力しつつ、電子政府に関する各府省庁の施策の統一性と総合性の確保、およびその積極的推進のための企画・立案・調整を行ってきた。

　また、2020年9月に発足した菅政権の目玉政策として、2021年9月にデジタル庁を新設し、権限を集中させることとともに民間人材を登用して、利用者本位のシステム構築を目指すこととしている。デジタル庁の業務としては、①国の情報システム、②地方共通のデジタル基盤、③マイナンバー、④民間のデジタル化支援・準公共部門のデジタル化支援、⑤データ利活用、⑥サイバーセキュリティ

の実現、⑦デジタル人材の確保、が七本柱として挙げられている。

# デジタル・ニューディール
【 Digital New Deal 】

2019年12月に政府が国家戦略として打ち出した次世代IT関連技術への投資のこと。補正予算案で計1兆700億円規模を計上し、ポスト5Gの技術開発、次世代スーパーコンピューター開発、学校のICT化やAI開発などを推進する。

フランクリン・ルーズベルト米大統領が1933年の就任直後から大恐慌脱却のために打ち出した経済政策の名称を援用しており、予算獲得のための政治的造語との批判もある。

しかし、伝統的ケインズ政策によりシュンペーター以来のイノベーションを具体化する試みは、デジタル時代のニューディール政策として注目も集めている。また、2020年7月の「経済財政運営と改革の基本方針2020～危機の克服、そして新しい未来へ～」(骨太方針2020)の5つの実行計画の最初に掲げられてもいる。

# スーパーシティ構想
【 Super City Initiative 】

政府が推進する「まるごと未来都市」を実現させるため、地域・国と事業者が一体となって目指す取組みのこと。内閣府特命担当大臣（地方創生）の決定により、「スーパーシティ」構想の実現に向けた有識者懇談会がその基本構想を取りまとめた。

基本的なコンセプトは、①これまでの自動走行や再生可能エネルギーなど、個別分野限定の実証実験的な取組ではなく、例えば決済の完全キャッシュレス化、行政手続のワンスオンリー化、遠隔教育や遠隔医療、自動走行の域内フル活用など、幅広く生活全般をカバーする取組であること、②一時的な実証実験ではなくて、2030年頃に実現され得る「ありたき未来」の生活の先行実現に向けて、暮らしと社会に実装する取組であること、③さらに、供給者や技術者目線

ではなくて、住民の目線でより良い暮らしの実現を図るものであること、という3要素を合わせ持つものと定義されており、これを「まるごと未来都市」と呼んでいる。

　また、「まるごと未来都市」実現を支えるのは大胆な規制改革とし、遠隔教育、遠隔医療、電子通貨システムなど、AIやビッグデータを効果的に活用した先進的サービスを実現するため、各分野の規制改革を同時一体的に進める必要性を訴えている。「スーパーシティ」構想の実現に向けた制度の整備などを盛り込んだ「国家戦略特別区域法の一部を改正する法律」は2020年5月に成立、同年6月に公布されている。

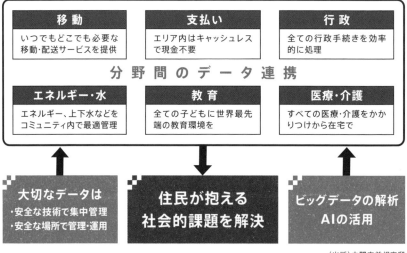

**■ 図 10-9　▶▶▶「スーパーシティ」構想の概要**

（出所）内閣府首相官邸

---

## スマートシティ・リファレンス・アーキテクチャー
### 【 Smart City Reference Architecture 】

　スマートシティの推進を希望する地域が、それぞれの特性にあったスマートシティを設計しようとする際、参照することができる設計図のこと。

## 図 10-10　▶▶▶ Society 5.0リファレンスアーキテクチャー

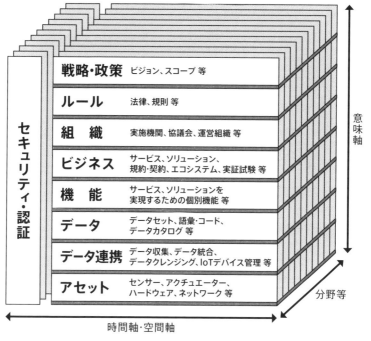

（出所）内閣府「スマートシティ・リファレンスアーキテクチャの使い方」

　アーキテクチャーという言葉自体は建築分野を起源とするが、ものごとの構造や関係性を示す設計図のことを表す。この設計図のスマートシティ版として内閣府が**図10-10**のSociety 5.0リファレンスアーキテクチャーを用意しており、超スマート社会を実現するために参照すべきアーキテクチャーとしてのモデルが定義されている。日本の科学技術政策の一環として取り組まれている「戦略的イノベーション創造プログラム（SIP）」における各種実証研究事業の研究成果をまとめた、スマートシティ・リファレンス・アーキテクチャーのホワイトペーパーが公開されている。その中でスマートシティ分野の実証研究が多数取り上げられており、Society 5.0リファレンスアーキテクチャーとの関係性も説明されている。

## 配電事業ライセンス

【 はいでんじぎょうらいせんす 】

　2020年の電気事業法改正で新設された、再生可能エネや蓄電池を組み合わせ、地域での分散型電力システムを配電事業として展開する事業類型のこと。

　地域で再生可能エネや蓄電池のように分散型エネルギー資源（DER）を使って面的供給を行う配電網を運営しつつ、災害などの緊急時における独立したネットワークとして自立供給もありうる運用が可能となる事業として法律上位置付けられた。山間部等において電力の安定供給・効率性が向上する場合、配電網の独立運用も可能としている。また、地方自治体と一般送配電事業者のコンソーシアムのような経営形態なども想定されている。

## 自立グリッド

【 じりつぐりっど 】

　従来の電力ネットワークと連系せず、小さな系統単位で持続的に電気の供給を行える系統単位のこと。比較的大きなものとしては離島等で現在実用化されている非連系の自立グリッドがあるが、従来これは化石燃料系の回転発電機（ガスエンジンやディーゼル発電機）を用いた交流グリッドであった。

　今後は再生可能エネ、蓄電池等のDERを用いた自立グリッドでは直流給電のタイプ、あるいは燃料補給の必要な回転発電機のない交流グリッド等における実証や技術開発が進められる。2020年11月には沖縄県の波照間島（人口514人）において、再生可能エネ100%の100時間連続供給が達成されている。

## 新型コロナウイルス感染症

【 Covid-19 】

　2019年に発生、流行した新型コロナウイルス感染症の国際正式名称はCOVID-19（=Coronavirus disease 2019）であり、SARSコロナウイルス2（SARS-CoV-2）が人に感染することによって発症する気道感染（呼吸器感染

症）のことである。日本では「新型コロナウイルス感染症を指定感染症として定める等の政令」で定められた名称であり、単に「新型コロナウイルス感染症」と呼ばれることが一般的である。「感染症の予防及び感染症の患者に対する医療に関する法律（感染症法）」に基づき、強制入院などの措置が取れる指定感染症（二類感染症相当）に指定された。

## シュタットベルケ
### 【 Stadwerke 】

　ドイツ、オランダやオーストリアなどで、主に自治体が経営する都市公社、企業局、事業体などのこと。Stadwerkeは英語に直訳するとCity Worksとなる。

　電力、ガス、地域熱供給などのエネルギービジネスをコアに、上下水道、公共交通、廃棄物処理、公共施設の管理運営、通信といった、地域の日常不可欠な公共サービス提供を包括的に担っている。日本では当該領域は公益事業と分類されている。

　最多のドイツでは全体で大小1,400以上のシュタットベルケが存在し、そのうち電気事業を手がけるものは900を超えるといわれている。最大手のシュタットベルケ・ミュンヘン（SWM）は、売上規模で100億ユーロ（約1兆2,800万円）を超え、従業員も1万人近くを擁している（2019年アニュアルレポート）。電気事業だけでも、バイエルン州都ミュンヘンの需要家約75万件の95%に電力供給している。

　なお、三菱商事と中部電力のコンソーシアムにより2020年に買収した蘭エネコは、もともと同国の南ホラント州にあったデンハーグ、ドルトレヒト、ロッテルダムの3つのシュタットベルケが1995年に合併して誕生したエネルギー企業である。

## オープンソース
### 【 Open Source 】

　プログラミング言語で書かれたコンピュータープログラムを表現する文字列であるソースコードを、商用・営利目的／非商用・非営利目的を問わず無償で公開し、個人や団体の誰でもがそれを利用や修正、さらには再配布することが許さ

れたソフトウェアのこと、またはその開発の手法のこと。

　コロナ禍で見えたDX進展のポジティブな側面として、GitHubなどでのオープンソースを利用し、新型コロナ感染症に関する各種オープンデータに基づく分析が、自治体、大学病院、メディアなど多くの機関により実施された。単に感染者数、重症者数や死者数を伝えるだけではなく、国や地域ごとに詳細な情報を分析できるものもあり、国内では都道府県ごとの病床使用状況や実効再生産数までグラフィカルに把握できるものもあった。このようにして、多くの新型コロナウイルス感染症に関する情報サイトが、インターネット上で広く公開された。結果として、オープンソースやオープンデータを利用することによる「正の外部経済」が持つ価値が広く認識されたといえる。

# 非対面経済
【 Non Face-to-Face Economy 】

　新型コロナウイルスの感染拡大防止の一環で広まった、他人との直接的な接触を避けた経済・ビジネス活動、または経済現象全般のことを指す。

　リモート会議などの活用で実施される経済・ビジネス活動などは端的な例であるが、他には購買行動における非対面決済、ビデオツールやVR活用によるバーチャルトラベルやコンサート体験なども登場している。また、これまで問診が必要であった医療機関での受診がインターネットを介したオンライン診療・調剤・服薬指導に代替される、学校教育などにおける講義や授業がオンラインに移行される、ことなども、広義の非対面経済に含まれる。ポストコロナのメガトレンドとして「分散型社会」などのバズワードとともに多用されている。

# 無人配送
【 Unmanned Delivery 】

　自動運転（自律走行）が可能なロボットや小型モビリティ、ドローンなどを活用し、商品などを無人でデリバリー（配送）すること、またはそのサービス。コロナ禍による「巣ごもり消費」の拡大からEC（電子商取引）や宅配ビジネスは活

況を呈しており、配送員の人手不足解消と接触回避の非対面経済促進の両方の観点から、これまで以上に注目を集めている。

　中国ではEC大手アリババを始め多くの企業がドローンや自動搬送車による無人配送の試験運用を既に大量に実施している。2020年9月にドローンを用いた配送サービスPrime Airに必要な認可を得たと発表した米アマゾンは、その後も自動運転技術開発の有力新興企業であるZoox（ズークス）を買収し、陸上の無人配送にも布石を打っている。国内ではZMPの無人宅配ロボ「DeliRo（デリロ）」を活用した日本郵便や、楽天と西友が無人地上車両UGV（=Unmanned Ground Vehicle）を活用した公道走行実証実験に乗り出している。

　一方、自動運転自体の安全性確保や、最終地点まで無人車両が到達できないなど、完全な無人配送には未だ課題も多い。

# ウェビナー
【 Webinar 】

　インターネット上で実施・配信されるセミナーのこと。WebとSeminarを掛け合わせた造語である。オンラインセミナーやウェブセミナーと意味はほぼ同じである。

　従来からウェブ会議で用いられていたシステムでは参加人数に制約があり、ウェブキャストなどでは一方向の情報配信しか実現できなかった。マイクロソフトのTeamsやズームコミュニケーションズのZoomなど、ウェビナーで用いられるシステムでは数百人規模が参加できる上、双方向でのコミュニケーションが可能となっている。こうした機能を持つため、大学他の教育機関におけるオンライン講義や授業などにも広く活用された。

　遠隔会議に用いるシステムをセミナーや講義に使用して実施する形態の遠隔セミナー（Teleseminar）は以前からあった。しかし、コロナ禍により参加者が自宅などそれぞれの場所から遠隔で参加するセミナー、会議や各種イベントの開催が一般的となったため、こうした活動を支える現代的なコミュニケーションシステムが一気に普及することとなり、それに比例するようにウェビナーの開催

数も急激に増加している。

# 改正都市再生特措法
【 かいせいとしさいせいとくそほう 】

　「安全なまちづくり」と「魅力的なまちづくり」を目的に「都市再生特別措置法等の一部を改正する法律」として2020年9月に公布・施行された予算関連法案のこと。その概要は以下のとおりである。

　まず「安全なまちづくり」については、災害ハザードエリアにおける新規立地の抑制、災害ハザードエリアからの移転の促進、災害ハザードエリアを踏まえた防災まちづくり、が盛り込まれている。これは近年の自然災害による被害拡大に対応するため、まちづくりにおいて総合的な対策を講じることが喫緊の課題とされていたことなどが背景にある。

　次に「魅力的なまちづくり」については、「居心地が良く歩きたくなる」まちなかの創出、居住エリアの環境向上、が盛り込まれている。こちらは生産年齢人口の減少、社会経済の多様化に対応するため、まちなかにおいて多様な人々が集い、交流することのできる空間を形成し、都市の魅力を向上させることが必要とされていたことなどが背景にある。1990年代以来の都市政策であるコンパクトシティ実現に向けた動きでもある。

# BCM／BCP
【 Business Continuity Management／Business Continuity Planning 】

　BCMは危機の対処に関するマネジメント手法のことで、Business Continuity Management（事業継続マネジメント）の略である。企業などが災害、事故や事件などの発生時に、発生前と同様の事業継続を図るための防止策や、発生後の復旧計画など、危機対応の一連をカバーするものである。

　BCPは、これら事業継続や復旧に向けた計画を策定することで、こちらはBusiness continuity Planning（事業継続計画）の略である。策定されたBCPは、具体的に手順書やマニュアルなどに落とし込まれる。

　国際規格ISO22301およびその邦訳版である日本工業規格JISQ22301にフレームワークが示されている。危機管理やコンティンジェンシープランなどとともにリスクマネジメントの一種と考えられる場合もある。

# RaaS
【 Resilience as a Service 】

　レジリエンス（復旧力）のある地域の電力ネットワークのプラットフォームをSaaSベースで提供すること。コンピューターネットワークのレジリエンス対策を提供するサービスのことを指すRaaSとは異なる。

　独e.onは、子会社のe.on InnovationおよびB2Bソリューション部門を通じて、SSEN（＝Scottish and Southern Electricity Networks）は技術ベースの建設・エンジニアリング会社Costain Groupと提携して、RaaSイニシアチブの下でアライアンスを組み、英国農村部における、より環境に優しく、より回復力のあるエネルギー供給の展開を加速させている。地域の蓄電池、再生可能エネ、スマートグリッド制御、フレキシビリティサービス、新しいビジネスモデルの統合により、グリッドレジリエンスのための新しい市場ソリューションをクラウドベースで創出している。

# GIS
【 Geographic Information System 】

　地理に関する情報データを収集し、コンピューターの地図や3Dなどを用いて可視化し、それら情報のパターン、傾向や関係性などを分析するシステムのこと。GIS（ジー・アイ・エス）とは地理情報システムの英語の略称である。

　人工衛星や現地踏査などにより、地球上に存在する地物や事象から得られたあらゆるデータを、空間的位置や時系列の面から検索、分析や編集することができ、科学的調査や土地、施設や道路などの地理情報の管理、都市計画などに利用される。

　データは、地図、空中写真や衛星画像などの図形情報、地物に関連する属性

情報、使用している測地系、投影法、縮尺や精度などのメタ情報などに大別される。GISでも、コンピューターの発達に伴い大量データ処理が容易になった恩恵を受け、リアルタイム・マッピングやシミュレーション、時系列データの表現など、紙の地図の上では到底できなかった高度な利用が可能となっている。

# リモートワーク

【Remote Work】

　企業などの組織における勤務形態の一つで、場所や、場合によっては時間などの制約を受けない、ICT（情報通信技術）などを活用した柔軟な労働形態のこと。日本語では在宅勤務と呼ばれる。

　類義語にtele（離れた所）とwork（働く）を掛け合わせた造語であるテレワークがあるが、日本ではインターネットが始まった1984年に、サテライトオフィスの活用による最初のテレワークが出現している。また、離れた場所での業務に可動性があり、さらに携帯通信機器を利用する場合はモバイルワークなどと呼ばれることもある。

　2020年の新型コロナウイルス感染症の拡大防止策の一環として、オフィスに集うことにより発生する三密（密集、密接、密閉）を回避する目的で、リモートワークは世界中で一気に急拡大した。

# リモート会議

【Remote Meeting】

　会議の参加者が離れた場所から、インターネットや電話などの電気通信システムを介して双方向で開催される、情報共有や意見交換などを目的とした会議やミーティングのこと。日本語では遠隔会議（Teleconference）とも呼ばれ、利用するICT機器やソフトウェアなどにより、電話会議、テレビ会議、ビデオ会議、ウェブ会議などと呼ばれることもある。

　VR（仮想現実）、AR（拡張現実）、MR（複合現実）を活用する会議システムなども登場している。リモート会議を提供するソフトウェアサービスとしては、マ

イクロソフトのTeams、シスコシステムズのWebex、ズームビデオコミュニケーションズのZoomなどが代表的である。

# アバター
【 Avatar 】

　サイバー空間のコミュニティなどで、自分（ユーザー）の分身として利用するキャラクターのこと。

　自分の顔や全身写真に基づき自動で作成されるが、各種アプリケーションやソフトウェアがインターネット上やスマートフォンアプリで提供されており、無料のものが多い。基本的には似顔絵などと同様、自分と似せた姿をイラストなどにより表現する場合が多いが、遊びに用いられるものでは異なるキャラクターに「なりすます」ことも許容されている。

　リモート会議の増加などにより、アバターで画面に登場することも徐々に普及しており、また、バーチャルに存在していたアバターをリアルの世界で再現するアバターロボットも登場している。離れた場所からアバターロボットを人が遠隔操作する、アバターロボットが体験したことを後で自らが体験することなどができる。これらはテレプレゼンスロボット、分身ロボットとも呼ばれている。

# ビジネスチャットツール
【 Business Chat Tool 】

　SNSの個人向けチャットツールでは日本のLINEや米フェイスブックのMessengerが代表的であるが、ビジネスチャットツールとは業務用としての用途に応えるための機能を追加したもののことを指す。

　具体的には、メッセージのスレッド表示や、検索、タグ付けなどによる効率的コミュニケーション、クラウドサービスを活用したオフィスファイルなどの保存やメンバー間での共有などが容易に実現できるよう工夫が凝らされている。個人向けチャットツールと比較すると、セキュリティ強化も施され、組織単位でのメンバー管理や人事異動等にもスムーズに対応できるようになっている。

米マイクロソフトのリモート会議アプリケーションTeams内でサービス提供されるチャット機能、CRM（顧客関係管理）ソリューションの大手である米セールスフォース・ドットコムが約270億ドル（約2.8兆円）をかけて買収したSlack、日本ではChatworkなどが代表的で、それぞれ独自のビジネスチャットツールを提供している。

　ビジネスチャットはコミュニケーションが記録される上に、協働するメンバー間で情報共有されるため、情報伝達の失念防止になるとともに、上手に活用すれば効率的かつ生産的なコミュニケーションによる業務効率向上が可能になる。

　サイバー空間での時間の同期性（相手に合わせることを強制する）と非同期性（個々の優先順位で処理する）を使い分けることは、リモートワークにおける業務効率向上では重要な課題となっている。同期性の強いビデオ会議の安易な開催はかえって非効率につながる可能性があり、ビデオチャットのような非同期ツールの活用に注目が集まっている。将来的にVR（仮想現実）などが進化すると、コミュニケーションスタイルも大きく変革して行くと考えられている。

**■ 図 10-11　▶▶▶ 同期／非同期処理と技術イノベーション**

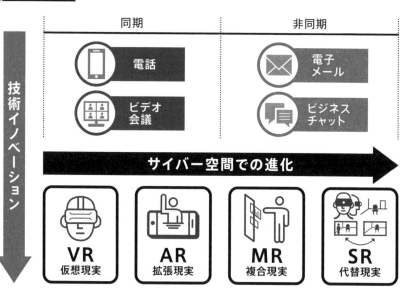

（出所）電気新聞2020年6月8日付テクノロジー&トレンド

# サテライトオフィス
## 【 Satellite Office 】

　官公庁や企業などの組織が、本庁舎・本部や本社・本店などから離れた場所に開設するリモートオフィスのこと。リモートワークが円滑に推進できるよう、パソコンやインターネット環境など情報通信施設を備えたものが多い。

　サテライトオフィス自体は以前からあった形態であり、郊外に立地する企業が都心に設置するケースもあり、また大学などの場合はサテライトキャンパスと呼ばれた。コロナ禍によりリモートワークが急増したことで、自宅では業務遂行に支障のある環境や家庭に事情のある職員・社員などのニーズの高まりを受けて再び注目されており、鉄道各社のターミナル駅を中心に設置する組織が増えている。不動産業界では都心のオフィス需要低迷に代わる新たなビジネスチャンスと捉える向きもある。なお、総務省が働き方改革や地方創生の一環として、コロナ禍前から「おためしサテライトオフィス」事業に取り組んでいる。

# ギグエコノミー
## 【 Gig Economy 】

　インターネットを介して単発の仕事を受注する働き方や、それにより成立するビジネスのエコシステム（生態系）のこと。ギグとはもともと音楽業界用語で、定期的に開かれる演奏会ではなく、その場限りの単発での演奏のことを指した。

　インターネットを介したプログラミングなどの仕事を単発で請け負うアドホックな働き方がこの言葉と結びつき、2010年代半ばの米国を発端にギグエコノミーと呼ばれるようになったと言われている。こうした経済形態の発展の背景には、特定の組織に縛られずに多様性ある働き方を求めるITエンジニアや様々なジャンルのプロフェッショナル人材の増加と、インターネット上で単発の仕事を仲介するプラットフォームが充実してきたことにある。

　シェアリングエコノミーがモノやサービスを対象として共有することに対し、ギグエコノミーは人やその能力を共有することに特徴がある。雇用形態や労働者保護の観点から問題視されるケースもあるが、その一方で近年、企業などが副

業に関する社内規定などのハードルを下げる傾向にあり、正社員としての勤務時間中の業務とは別に、部分的なギグワーカーとしての働き方を求めるビジネスパーソンが徐々に増加している。

# ワーケーション
## 【 Workation 】

リモートワークなどを活用して、働きながらリゾート地や観光地などで過ごすライフスタイルのこと。WorkまたはWorking（労働）とVacation（休暇）を掛け合わせた造語であり、インターネットなどの通信環境充実とノートパソコンなどのモバイルデバイスの高性能化にともない、2000年代の米国において始まったとされている。

日本でも外資系IT企業がオフィスをリゾート地に設置するなど、個人としての活動だけではなく、組織的にワーケーションを進めるケースもある。また、受け入れ側は地方創生・活性化などの文脈で歓迎するムードが強まっており、ポストコロナを睨んで様々な取り組みが進んでいる。

一方で、業務効率が低下する、公私の区別がつけにくい、労務管理が難しい点などが指摘されており、成果主義やジョブ型雇用（業務内容に基づいて必要な人を採用・契約する雇用形態のこと）が一般的ではない日本においては、普及に向けた課題も多い。

# VPN／VDI／DaaS
## 【 VPN=Virtual Private Network／VDI=Virtual Desktop Infrastructure／DaaS=Desktop as a Service 】

VPNとは、多くは公衆ネットワークにあるインターネット空間に、プライベートネットワークを拡張する技術のこと、またはそのように構築されたネットワーク自体のことを指す。

企業の拠点間を専用線で接続する代わりに、複数ユーザー間で共用する回線を仮想的な専用ネットワークとして利用することから、仮想プライベートネットワーク、仮想専用線とも呼ばれる。リアルな専用線ではな

いことから、インターネットを介して機密性を確保するため、IPベースの通信上に専用の接続方法や暗号化技術を活用する。より高いセキュリティを確保するため、限られた加入者で帯域共用する閉域ネットワークでのVPNも近年増加している。コロナ禍でリモートワークへの移行が進むなか、VPN利用が急増することに比例してアクセス認証情報の流出事故なども発生しており、サイバー攻撃に備えたセキュリティ対策が課題となっている。

　VDIとは、デスクトップ環境を実行するためのハードおよびソフトウェアなどの一連のシステムインフラのこと。Virtual Desktop Interfaceの略とされる場合もある。

　デスクトップ環境をサーバー側で実行するリモートデスクトップ方式とクライアント側で実行するクライアントハイパーバイザー方式に大別される。前者は法人向け実装では仮想化されたデスクトップをリモートの中央サーバーで走らせ、プログラムやデータを実行・保管する。画面をリモートデスクトップとしてクライアントのデバイスに送るため、シンクライアント、タブレット、スマートフォンなど、本来のスペックでは実行できないOSやアプリケーションを利用できる。製品としてはVMware Horizonが代表的。後者はサーバー構築が不要なため、小組織や個人などが複数のデスクトップ仮想マシンを柔軟に利用したい場合などに向いている。

　DaaSとは、VDIのデスクトップ環境を、インターネットを介してクラウドから提供するサービスのこと。デスクトップ環境を配置しているクラウドの種類により、プライベートクラウドDaaSとパブリッククラウドDaaSに大別される。後者では、Microsoft Azure上で提供されるWindows Virtual Desktop（WVD）や、Microsoft AzureやAmazon AWSなどで展開できるVMware Horizon Cloudなどが代表的。

## パブリッククラウド／プライベートクラウド／ハイブリッドクラウド
【 Public Cloud／Private Cloud／Hybrid Cloud 】

　クラウドコンピューティング（クラウド）は、パブリッククラウドとプライベートクラウドに大別することができる。

パブリッククラウドとは、企業向けから個人向けまで幅広いユーザーにオープンなクラウドコンピューティング環境を、インターネット経由で提供するサービスのこと。専用サーバーなどのハードウェアを所有する必要がなく、企業でも個人でもサービスを利用したい人が、必要に応じて柔軟かつ即時的にサーバーやネットワークリソースを使えることが特徴。

　プライベートクラウドとは、企業などの組織が自組織内でクラウド環境を構築し、組織内の各部門やグループ企業に提供するクラウドコンピューティングの形態のことである。自組織専用のクラウド環境を構築するため、自らシステムを設計・管理でき、柔軟なサービス設計が可能で、独自のセキュリティポリシーも適用できる一方で、インフラの構築・運用・管理を自ら行うため、パブリッククラウドに比してよりコストや運用負担がかかる。そのため、近年はこのようなオンプレミス型（所有型）プライベートクラウドとは別に、パブリッククラウド上で仮想的に仕切られた専用領域にクラウド環境を構築する、ホステッド型（利用型）プライベートクラウドが増加している。インフラ資産を持つ必要がなく、料金体系もサブスクリプション型のサービスが利用できる場合もある。

　ハイブリッドクラウドとは、パブリッククラウドとプライベートクラウドなどの異なる種類のクラウドサービスの、それぞれのメリットを上手く組み合わせてクラウドコンピューティングを利用する方法や考え方である。費用対効果やセキュリティ面での堅牢性確保などを考慮し、コストの最適化を図る企業などでの利用が広がっている。

# 電子認証／電子署名／電子決裁

【でんしにんしょう／でんししょめい／でんしけっさい】

　電子認証とは、捺印やサインを電子署名などに置き換えることで、契約書、請求書、議事録、申込書、稟議書、保存文書などの電子文書に認証を与えること。日本では法務省の電子認証制度において、紙文書に捺印した印章を確認するための「印鑑証明書」にあたる、電子文書上の電子署名を確認するための「電子証明書」を、電子認証登記所で発行する電子認証制度を整備している。

　電子署名とは、電子文書に付与する電子的な徴証であり、紙文書における印

章やサインに相当するものである。主に本人確認や、改ざん検出符号と組み合わせて偽造・改ざん防止に用いられる。

電子決裁とは、企業などの組織の内部文書である稟議書などに、権限者が従来の紙文書への押印やサインに代わり、電子的な承認を付与すること。承認者が複数いる場合、オンラインでの回覧を前提としている。最終決裁者が承認した後、申請者にその通知が届く仕組みになっていることが一般的。

# サーキュラーエコノミー
## 【 Circular Economy 】

高度経済成長期の「大量生産・大量消費・大量廃棄」といったリニアな経済（線形経済）や動脈産業に代わる、製品と資源の価値を可能な限り長く保全・維持し、廃棄物の発生を最小化した資源循環型経済モデルのこと、またはその考え方。

日本では、循環型社会に向けて従来から推進してきた政策である3R（Reduce＝廃棄物の発生抑制、Reuse＝再使用、Recycle＝再資源化）を、シェアリングやサブスクリプションなどの循環性と収益性が両立する新しいビジネスモデルの台頭を踏まえ、持続可能な経済活動として捉え直したもの。スマートフォンアプリにフリーマーケットやオークションの仕組みを組み込んだ売買仲介サービス、衣料や車両レンタルのサブスクリプション、食品ロス削減を目的としたAIによる需要予測に基づく自動発注システムなど、長期使用、稼働率の向上等を実現し、循環性向上に貢献するビジネスモデルが多数出現している。デジタル化に遅れがちと見られていた従来の静脈産業でも、こうした先進技術や新しいビジネスモデルを活用する企業が出現している。

なお、EUでは2020年3月に新しいCircular Economy Action Plan（循環型経済行動計画）を策定している。2015年12月の最初の行動計画における成果を踏まえており、また2019年12月に発表された欧州グリーン・ディールにおける重要施策に位置付けられる。今回の行動計画は製品の設計と生産に焦点を当て、EUの経済活動内部に資源を可能な限り引き留めることを目標に据えている。

**図 10-12** ▶▶▶ 循環経済（サーキュラーエコノミー）とは

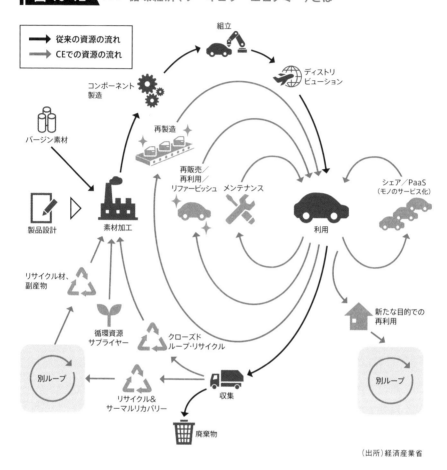

（出所）経済産業省

# フルーガルイノベーション
## 【 Frugal Innovation 】

　最小資源とコストにより、アジリティ（敏捷性）を伴って最大価値やソリューションを生み出そうとするイノベーション創出における考え方、または企業戦略などのこと。

　ビジネスアドバイザーのナヴィ・ラジュと印ジャワハルラール・ネルー大学のジ

ャイディープ・プラブ教授が、2015年の著書"Frugal Innovation"で提唱したとされる。フルーガルとは質素、倹約的という意味で、資源制約の不利を機会と捉え、効率性よりも敏捷性を優先する。ナヴィ・ラジュは長年、ヒンディー語で「ジュガード（Jugaad）」と呼ばれる倹約的技術革新の研究を行い、その方法論はTEDで公開している。

　最近は元のコンセプトが様々に拡大解釈され、ゼロからイチを生み、そこから10倍、100倍へとスケールさせるビジネスへの、不景気の状況下でのアンチテーゼにもなっている。ここでは、組織が従来から持つアセットやケイパビリティを活用し、社会や経済変化に対して素早く新サービスを提供、一瞬にして市場を席巻してポジションを取るといったスピード感が重視されている。サーキュラーエコノミーの考え方とも親和性を持ち、さらにコロナ禍での行動変容や社会経済の変化への対応における方法論の一つとしても注目を集めている。

　新興国発のイノベーションとして、BOP（＝Base of the Pyramid、低所得者層）市場における消費者ニーズに向けたリバースイノベーションとも良く比較されるが、フルーガルイノベーションの対象がBOP市場のニーズに限定されていない点では異なる。

# SDGs

### 【Sustainable Development Goals】

　国連が定めた開発目標のことで、SDGs（エスディージーズ）はSustainable Development Goals（持続可能な開発目標）の略称である。持続可能な開発のための17のグローバル目標と、各目標に付随する169のターゲット（達成基準）からなる。2015年9月の国連総会で、加盟193カ国の全てが合意して採択された。2030年までに貧困や飢餓の撲滅、格差の是正、気候変動対策など、国際社会に共通する課題解決を目標に掲げている。また、SDGsでの取り組みはESG投資促進の鍵になるとも考えられている。

　なお、SDGsの各目標達成に向けてデジタル技術を活用しようという動きも広がっており、世界で進行中の第4次産業革命において開発された各種技術の活用が図られている。日本ではSociety 5.0の実現によりSDGsの各目標達成

に貢献すると考えられている。

# ESG投資
【 ESG Investment 】

　投資判断のための企業価値評価において、定量的な財務情報に加えて、非財務情報であるESGを考慮する投資活動のことである。ESGとは企業が持続的成長を遂げるために重視するべき3要素「Environment（環境）、Social（社会）、Governance（企業統治）」の略称である。

　ESGの3要素のそれぞれに明確な定義はないが、環境は「気候変動、原子力発電、持続可能性」、社会は「多様性、人権、消費者保護、動物福祉」、企業統治は「経営構造、従業員問題、役員報酬」などの観点から評価される。例えば、環境負荷の高い企業の株式を売却することをダイベストメント（＝Divestment、投資撤退）と呼び、既に一般化している。こうした考え方は、国連が2006年に提唱した責任投資原則（PRI）により広まり、世界で2千を超える機関投資家がPRIに署名している。日本でも年金積立金管理運用独立行政法人（GPIF）がESGを考慮した運用を拡大させている。

　なお、約100年の歴史を持つSRI（＝Socially Responsible Investment、社会的責任投資）とは類似の点が多く、同種の考え方として扱われている。

# カーボンニュートラル
【 Carbon Neutral 】

　ライフサイクル全体で見た場合における、二酸化炭素（$CO_2$）の排出量と吸収量がプラスマイナス（ネット）ゼロになること。日本語では炭素中立、気候中立ともいう。

　より具体的には、「市民、企業、NPO／NGO、自治体、政府等の社会の構成員が、自らの責任と定めることが一般に合理的と認められる範囲の温室効果ガス排出量を認識し、主体的にこれを削減する努力を行うとともに、削減が困難な部分の排出量について、他の場所で実現した温室効果ガスの排出削減・吸収量等を購入すること、または他の場所で排出削減・吸収を実現するプロジェクト

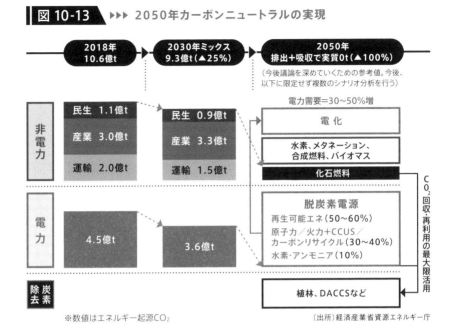

**図 10-13** ▶▶▶ 2050年カーボンニュートラルの実現

※数値はエネルギー起源CO₂

(出所)経済産業省資源エネルギー庁

や活動を実施することなどにより、その排出量の全部を埋め合わせた状態をいう。」と環境省が定義している。従来からあるカーボンオフセットでは、「排出量の全部又は一部を埋め合わせること」であったが、カーボンニュートラルでは、「排出量の全部を埋め合わせた状態」を実現する必要がある。

なお、二酸化炭素の排出量よりも吸収量が上回ることを、カーボンネガティブと呼び、米マイクロソフトは2030年にこれを実現すると宣言している。また、同じ意味のことをカーボンポジティブと呼んでいる企業もあり、米パタゴニアが2025年、英ユニリーバとスウェーデンのイケアは2030年にそれを実現するとしている。

# カーボンプライシング

【 Carbon Pricing 】

地球温暖化につながると考えられている温室効果ガス（Greenhouse Gas=GHG）が大気中に排出される量を減らすことを促進するために、炭素汚

染者に負担を課す形で適用されるコストを価格付け（プライシング）する仕組み、およびその負担を通して炭素汚染者の行動変容を促す考え方のこと。

GHGを最も効率的に削減する方法として世界で広く合意されている価格付けの方法には、炭素税や排出権取引などがある。最近では、製造時のGHG排出量に応じた輸入製品への課税を行う炭素国境調整措置なども検討されており、欧州連合が導入を予定、米バイデン政権でも公約に記載していた。

外部不経済であるGHGは、どのような市場でも本来は価格が付かず、このコストに対する市場メカニズムが存在しない。「市場の失敗」である外部不経済を内部化するための解決策として、英国の経済学者アーサー・C・ピグーの厚生経済学における「ピグー税・補助金」の考え方が、環境経済学における炭素税の考え方に引き継がれている。一方、排出権取引はGHG排出者（ピグー税では課税対象）と削減者（同補助金では助成対象）との間でのGHG排出量を市場メカニズムによる対価を伴う取引により実施する。

いずれの場合も、排出により引き起こされた金銭的損害（炭素汚染の社会的コスト）に等しい価格が設定されることにより経済的に最適な（効率的な）温室効果ガスの排出量が得られるとされる。

## グリーン成長戦略
### 【 Green Growth Strategy 】

2020年10月に菅義偉首相が2050年カーボンニュートラル、脱炭素社会の実現を目指すことを宣言したことに伴い、経済産業省が中心となって取りまとめた成長戦略のこと。

従来の発想を転換し、積極的に対策を行うことが、産業構造や社会経済の変革をもたらし、次なる大きな成長に繋がって行くという考えに基づいた「経済と環境の好循環」を作ることを目指した産業政策である。課題や工程表などを整理した実行計画を14の重点分野にわたって策定している**（図10-14）**。

## 図 10-14 ▶▶▶ グリーン成長戦略 14分野の要点

| | |
|---|---|
| ①洋上風力 | ●2040年3000万～4500万kW導入<br>●直流送電の具体的検討開始 |
| ②燃料アンモニア | ●2030年に向けて20%混焼の実証を3年間実施<br>●日本の調達サプライチェーンを構築し2050年で1億t規模を目指す |
| ③水素 | ●導入量を2030年に最大300万t、50年に2000万t程度に拡大<br>●水素コストを20円/N立方メートル程度以下に |
| ④原子力 | ●小型炉（SMR）の国際連携プロジェクトに日本企業が<br>主要プレーヤーとして参画<br>●高温ガス炉で日本の規格基準普及へ他国関連機関と協力推進 |
| ⑤自動車・蓄電池 | ●遅くとも2030年代半ばまでに乗用車新車販売で電動車100%<br>●2030年までのできるだけ早期に、電気自動車とガソリン車の<br>経済性が同等となる車載用の電池パック価格1万円/kWh以下 |
| ⑥半導体・情報通信 | ●データセンター使用電力の一部再生可能エネ化義務付け検討<br>●2040年に半導体・情報通信産業のカーボンニュートラル目指す |
| ⑦船舶 | ●LNG燃料船の高効率化として、低速航行や風力推進システムと<br>組み合わせ$CO_2$排出削減率86%を達成<br>●再生メタン活用により実質ゼロエミ化を推進 |
| ⑧物流・人流・土木インフラ | ●海外からの次世代エネルギー資源獲得に資する港湾整備の推進 |
| ⑨食料・農林水産業 | ●地産地消型エネルギーシステムの構築に向けた規制見直しの検討 |
| ⑩航空機 | ●2035年以降の水素航空機の本格投入を見据え<br>水素供給に関するインフラやサプライチェーンを検討 |
| ⑪カーボンリサイクル | ●2050年の世界の$CO_2$分離回収市場で年間10兆円のうち<br>シェア3割を目指す。約25億tの$CO_2$に相当 |
| ⑫住宅・建築物／<br>　次世代型太陽光 | ●住宅トップランナー基準のZEH相当水準化<br>●ペロブスカイトなど有望技術の開発・実証の加速化、ビル壁面など<br>新市場獲得に向けた製品化、規制的手法を含めた導入支援 |
| ⑬資源循環関連 | ●廃棄物発電において、ごみの質が低下しても<br>高効率なエネルギー回収を確保 |
| ⑭ライフスタイル関連 | ●J-クレジット制度などで申請手続きの電子化・モニタリングや<br>クレジット認証手続きの簡素化・自動化 |

（出所）電気新聞2020年12月28日付

# おわりに

「まるわかり電力デジタル革命キーワード250」を出版してから、約2年半が経った。当初は本書を2年後くらいの2020年秋には出版したかったのであるが、様々なことが重なり本業が極めて多忙な状態に陥ったことから、結果的に半年ほど遅れてしまった。その間に前著が版元切れとなり、本書が出る前提で増刷されないまま数ヶ月が経過してしまった。この間に版元に問い合わせを下さった方々にはこの場を借りて心よりお詫びを申し上げたい。お待たせした分、既存の箇所には必要なアップデートを施し、内容もほぼ1.5倍に増強した。量が多ければ良いとは決して考えてはいないが、今後2〜3年程度は読むに堪えるものにしたいと考えて執筆作業に勤しんだ。

今回の実質的な増補改訂版の執筆作業に本格的に集中できるようになったのは、2020年も終わろうとする12月の下旬に入ってからであった。折しも電力卸市場では気温低下を契機に需給がタイトとなって、卸電力価格が高騰するという事象が発生した。原因は気温だけではなくLNGの在庫状況や再生可能エネルギー発電の増加など、いくつかの要因が挙げられている。年末年始の休暇を返上している以上、本書の執筆に集中したかったが、やはり気になり、執筆に疲れて休憩を取る間に様々な情報ソースに当たっていた。

今冬に起こった事象については、個人的には何らの驚きもない。む

しろ、これが想定外の異常事態だとする論調の不見識には閉口したが、同時に金融×エネルギー×デジタルのソリューションとは何かをあらためて考える契機にもなった。このテーマが深掘りできるか否かは今後の市場の展開に依存するが、残りの人生の楽しみでもある。

　ここで、前著『まるわかり電力デジタル革命キーワード250』に続き、今回の実質的な増補改訂版の本書を世に出すために著者らを助け、企画の初期段階からコーディネートに尽力して頂いた電気新聞に謝意を表しておきたい。また、前著の執筆にあたり貴重な助言を頂戴した大阪大学の太田豊先生（当時 東京都市大学）、オプテージの篠原伸生氏（当時 K4 Digital）、シダックスの西川陽介氏（当時 KPMG コンサルティング）にもあらためて謝意を表したい。さらに、前回に続き今回も資料の提供を賜った関西電力の石田文章氏、今回の執筆にあたっては北海道電力の皆川和志氏、関西電力の野端直氏、DeNA の二見徹氏、KPMG コンサルティングの熊谷堅氏、伊藤健太郎氏、渡邊崇之氏、馬渕裕貴氏、その他関連業界のキーパーソンからもたいへん貴重な助言や資料の提供などを賜った。また、日頃から筆者の諸活動に対して寛大な理解を頂戴している KPMG コンサルティングの宮原正弘氏、関穣氏、出版における様々な対応や原稿のレビューなどでは髙橋直樹氏、佐久間真由美氏、福山真穂氏からも心強いサポートを頂戴した。コロナ禍の英国でデータサイエンスの修士課程を修了して帰国した息子の巽優樹には最新情報に関する確認もお願いした。著者らの至らない点をサポートいただいたこれらの皆さまに心より御礼を申し上げたい。

最後に、本書の副題「EvolutionPro」について解説しておきたい。当初は実質的な増補改訂版ということで、それに相応しい様々な副題案を検討したが、しばらくは「Deluxe」で落ち着き、改定・増補作業も Deluxe Project として進めていた。DX は辞書を引くと Digital Transformation や Direct Exchange（直接交換）などいくつかの言葉の略であるが、本題がデジタル革命ゆえに、副題で同種の言葉を用いることの重複を避ける意味で、DX を Deluxe に掛けて副題とすることで考えていた。しかし、Deluxe を DX と略すことは日本以外ではほとんどないことから、他に何か妙案がないかと考えたのが「EvolutionPro」である。

　Evolution は読んで字の如く本書がここ2年余りの技術進歩、制度改革、社会変化を反映した前著からの「進化版」であることを意味する。そこに Pro を付したのは、各種ハードウェアやソフトウェアにおける Professional というバージョン名の略称に掛けているが、真意としては電気事業に関わる実務家、研究者等のあらゆるプロフェッショナルに供するという想いを込めたつもりである。

　そうした想いに足りない部分が本書にはまだまだ多いことも自覚しつつ、今後の電力デジタル革命の推移を見守り、機会があればまたこの種の情報発信を行いたいと考えている。

巽　　直樹

## あ

アイデアソン ･････････････････ 247,262
アクセラレータープログラム ････ 247,261
アクチュエーター･･･････････････ 135,142
アグリゲーター ･･････････････････ 26,90
アグリゲーターライセンス･･･････････ 91
上げDR ･･･････････････････････････ 87
アジャイル開発 ･････････････････ 263
アジャイル型 ･････････････････････ 247
アナログ半導体･･･････････････････ 126
アバター ･･････････････････････ 297
アマゾンエフェクト ･･･････････････ 73

## い

イーサリアム ･･･････････････････ 207
イナーシャ ･････････････････････ 97
イニシャル・コイン・オファリング･････ 205
インキュベーター ･･･････････････ 247,260
インセンティブ型DR ･････････････ 88

## う

ウェアラブルデバイス ･･････････ 53,66
ウェビナー ･････････････････････ 293
ウォーターフォール型 ･･････････････ 247

## え

エクスポネンシャル ･･････････ 52,58,110
エッジコンピューティング･･･････････ 57,65
エナジーエフィシェンシー･･･････ 111,120

エナジーハーベスティング･････････････ 41
エネルギー・リソース・
アグリゲーション・ビジネス ･･････79,86
エネルギーサービスプロバイダー ･･･ 245,256
エネルギービジョン改革 ･･････････ 92
エネルギーマネジメントシステム ･････ 35

## お

欧州連合一般データ保護規則 ･････ 221,229
オートウェア ･････････････････ 182
オープンイノベーション ･･･････ 246,252
オープンソース ･･･････････････ 280,291
オプトアウト ･････････････････ 128
オプトイン ･･･････････････････ 128
オムニチャネル ･･･････････････ 73
オルトコイン ･････････････････ 201
音声認識･････････････････････ 66
オンデマンド型交通 ･････････････ 179

## か

カーボンニュートラル ･････････ 281,306
カーボンプライシング ･･･････････ 307
改正都市再生特措法 ･････････････ 294
概念実証････････････････････ 247,253
拡張現実･････････････････････ 55,63
カスタマーエクスペリエンス ･････ 245,258
仮想現実･････････････････････ 55,63
画像センサー ･････････････････ 129
仮想知的労働者 ･･････････････ 137,148
仮想通貨･････････････････････ 201

画像認識 ···································· 66

仮想発電所 ················· 24,41,79,88

慣性力 ···································· 97

## き

機械学習 ················ 29,55,60,136

機械との競争 ······················ 52,59

ギグエコノミー ······················ 275,299

技術的特異点 ······················ 52,62

規制対応のデジタル化 ············ 191

急速充電の規格 ······················ 164

強化学習 ································ 61

競争電源 ······························ 105

協働型ロボット ····················· 135,141

金融機能のアンバンドリング ············ 197

## く

組み込みOS ·························· 183

クラウドコンピューティング ··········· 57,64

クラッカー ···························· 234

グリーン水素 ·························· 45

グリーン成長戦略 ············· 45,282,308

グリーントランスフォーメーション ·· 277,285

グリッドコード ······················ 98

グリッドパリティ ····················· 42

クロステック ······················· 189,199

## け

経験価値 ···························· 258

限界費用 ···························· 58

限界費用ゼロ ························ 58

## こ

コーポレートIT ····················· 218,226

コーポレートトランスフォーメーション 278,286

コーポレートベンチャーキャピタル ···· 246,253

コグニティブコンピューティング ··· 137,149

コネクティッドインダストリーズ ········· 101

コネクティッドカー ·················· 163,176

コネクティッドシティ ················ 119

コネクティッドホーム ··············· 111,120

コネクティッドワールド ············· 121

コネクト&マネージ ················· 42

コミュニティエネルギーマネジメントシステム

······································ 35

## さ

サーキュラーエコノミー ················ 303

サービスプロバイダー ················ 256

災害対応ロボット ···················· 140

最高情報セキュリティ責任者 ········ 222,231

最高デジタル責任者 ················· 254

再生可能エネルギー固定価格買取制度·· 43,46

再生可能エネルギー電源の自動制御········ 99

再生可能エネルギーの市場統合 ··········· 98

サイバー攻撃 ························ 221,232

サイバーセキュリティ ··············· 221,231

サイバーセキュリティ経営ガイドライン ·· 236

サイバーデブリ ····················· 222,228

サイバーテロ ························ 221,232

下げDR ····························· 87

座礁費用 ···························· 255

サテライトオフィス ·················· 299

サブスクリプションサービス …………… 124
産業用ロボット ……………… 134,140
サンクコスト …………… 255

## し

シーサート …………… 222,232
シェアリングエコノミー ……… 59,245,256
自家消費 …………… 35
事業継続計画 …………… 294
事業継続マネジメント …………… 294
資源配分プロセス …………… 245,249
指数関数的 …………… 52,58,110
次世代スマートメーター制度検討会 ……… 40
自然言語処理 …………… 67
自然変動電源 …………… 43,81
持続可能な開発目標 …………… 305
持続的イノベーション …… 52,248,267
自動運転車 …………… 181
シャドーIT …………… 219,227
充電ネットワーク管理プラットフォーム …177
柔軟性資源 …………… 258
需給調整市場 …………… 96
シュタットベルケ …………… 280,291
需要側コネクト&マネージ ………… 168,176
情報銀行 …………… 127
情報セキュリティ …………… 224
情報セキュリティポリシー …………… 224
情報セキュリティマネジメントシステム
…………… 218,225
ジョブ理論 …………… 247,249
自立グリッド …………… 290
新型コロナウイルス感染症 …………… 290

シンギュラリティ …………… 52,62
人工知能 …………… 21,29,136
新常態 …………… 272,285
深層ウェブ …………… 236
深層学習 …………… 29,61

## す

水素社会 …………… 45
スーパーシティ構想 …………… 279,287
ストランデッドコスト …………… 255
スパイウェア …………… 235
スマート家電 …………… 118
スマートグリッド …………… 33
スマートコミュニティ …………… 119
スマートコントラクト …………… 193,207
スマートシティ …………… 33,278
スマートシティ・リファレンス・
アーキテクチャー …………… 288
スマートデータ …………… 122
スマートデバイス …………… 116
スマートハウス …………… 118
スマートファクトリー …………… 119
スマートメーター …………… 39
スマートレジリエンスネットワーク …… 103

## せ

セキュリティ・トークン・オファリング … 206
セキュリティオペレーションセンター 222,232
ゼロエネルギーハウス …………… 22
ゼロトラスト …………… 235
全固体電池 …………… 174
センサーネットワーク …………… 53,68

**315**

戦略的予備力 ・・・・・・・・・・・・・・・・ 32

## そ

創造的破壊 ・・・・・・・・・・・・・・・・ 248

送電・系統運用会社 ・・・・・・・・・・・・・ 36

ソーシャルネットワーキングサービス ・・・ 219

卒FIT ・・・・・・・・・・・・・・・・・・・ 43

ソフトウェアコンテナ ・・・・・・・・・・・ 263

ソフトウェアロボット ・・・・・・・・・・・ 141

## た

ダークウェブ ・・・・・・・・・・・・・・・ 236

ダークデータ ・・・・・・・・・・・・・・・ 123

第三者所有 ・・・・・・・・・・・・・・・・ 42

代替現実 ・・・・・・・・・・・・・・・・・ 64

代替ベースライン ・・・・・・・・・・・・・ 90

ダイナミックプライシング ・・・・・・・・・ 124

第4次産業革命 ・・・・・・・・・・・ 52,71

脱ガソリン ・・・・・・・・・・・・・・・ 173

ダックカーブ ・・・・・・・・・・・・・・・ 92

炭素税社会 ・・・・・・・・・・・・・・・・ 308

## ち

地域活用電源 ・・・・・・・・・・・・・・・ 105

蓄電池 ・・・・・・・・・・・・・・・ 21,41

チャットボット ・・・・・・・・・・・・・・ 149

調整力価値 ・・・・・・・・・・・・・ 23,33

調整力公募 ・・・・・・・・・・・・・・ 83,94

## て

ディスラプション ・・・・・・・・・・ 191,248

定置用リチウムイオン蓄電システム ・・・・・ 99

データサイエンティスト ・・・・・・・・ 115,121

データ独占 ・・・・・・・・・・・・・・・ 127

デザイン思考 ・・・・・・・・・・・・・・・ 251

デジタル ・・・・・・・・・・・・・・ 20,28

デジタル・ニューディール ・・・・・・・・・ 287

デジタル技術 ・・・・・・・・・・・・・・・ 20

デジタルサービス法 ・・・・・・・・・・・・ 230

デジタル市場法 ・・・・・・・・・・・・・・ 230

デジタル政府 ・・・・・・・・・・・・ 272,286

デジタル庁 ・・・・・・・・・・・・・・・ 286

デジタルツイン ・・・・・・・・・・・・・ 128

デジタル通貨 ・・・・・・・・・・・・・・ 200

デジタルトランスフォーメーション ・・・・・ 285

デジタル半導体 ・・・・・・・・・・・・・ 126

デジタルマーケティング ・・・・・・・・・・ 68

デススパイラル ・・・・・・・・・ 22,36,242

デマンドレスポンス ・・・・・・・・・ 21,78,87

デュアルクレジット規制 ・・・・・・・・・・ 173

テレマティクスサービス ・・・・・・・・・ 180

テレマティクス保険 ・・・・・・・・・・・ 180

テレワーク ・・・・・・・・・・・・・・・ 296

電気計量制度の柔軟化 ・・・・・・・・・・・ 208

電気自動車 ・・・・・・・・・ 21,55,156,170

電気料金型DR ・・・・・・・・・・・・・・ 88

電源I ・・・・・・・・・・・・・・・・・・ 95

電源II ・・・・・・・・・・・・・・・・・・ 95

電子決裁 ・・・・・・・・・・・・・・・・ 302

電子署名 ・・・・・・・・・・・・・・・・ 302

電子認証 ・・・・・・・・・・・・・・・・ 302

電力P2P取引 ・・・・・・・・・・・・ 24,209

電力版情報銀行 ・・・・・・・・・・・・・ 127

電力量価値 ・・・・・・・・・・・・・・ 22,31

## と

同時同量 ································· 38
透明化法 ································· 230
トークン ································· 207
独立系統運用者 ····························· 36
ドローン ····························· 135,144

## な

内部統制報告書 ························· 218,227
ナトリウム硫黄電池 ························· 41
鉛蓄電池 ································· 41

## に

二酸化炭素回収・貯留技術 ················· 45
ニッケル水素電池 ························· 41
二面市場 ····························· 59,257
ニューノーマル ························· 272,285
ニューラルネットワーク ··················· 62

## ね

ネガワット調整金 ························· 91
ネット決済サービス ························· 196
ネットとリアルの融合 ······················ 73
ネットメータリング制度 ····· 22,36,38,242
ネットワーク仮想化 ························· 65
燃料電池自動車 ····························· 171

## の

野良ロボット ························· 219,228
ノンファーム接続 ························· 43

## は

パーソナルモビリティ ··················· 179
排出権取引 ····························· 308
配電・配電系統運用会社 ··················· 36
配電事業ライセンス ·········· 26,278,290
ハイパーコネクティッドワールド ···· 220,229
ハイパーレッジャー ····················· 208
ハイブリッドクラウド ··················· 302
ハイブリッド車 ························· 156,171
破壊的イノベーション ··················· 52,248
パターン認識 ····························· 66
働き方改革 ························· 138,148
ハッカソン ····························· 247,262
パブリッククラウド ····················· 301
バランシング ····························· 38
バランシンググループ ··················· 38
パワー半導体 ····························· 125
半導体メモリ ····························· 125

## ひ

非化石価値 ····························· 44
ビジネスIT ····························· 226
ビジネスインテリジェンス ················· 122
ビジネスチャットツール ··················· 297
非接触ICカード ····························· 117
非対面経済 ····························· 274,292
ビッグデータ ················· 53,111,122
ビットコイン ····························· 201
人型ロボット ························· 134,141
標準ベースライン ························· 90
標的型攻撃 ····························· 222,233

ビルエネルギーマネジメントシステム …… 35

## ふ

ファーム接続 …………………………… 42
フィンテック ………………………… 196
複合現実 ……………………………… 63
プライベートクラウド ……………… 301
プラグイン・ハイブリッド車 …… 156,171
フラッシュメモリ …………………… 125
プラットフォーマー ………………… 256
プラットフォーマー規制 …………… 230
プラットフォーム …………………… 255
フリーミアム …………………………56,58
ブルー・オーシャン戦略 …………… 250
フルーガルイノベーション ………… 304
ブルー水素 …………………………… 45
フレキシビリティ取引 ……………… 97
プレディクティブメンテナンス ……… 123
プロシューマー ………………………34,210
プロダクトアウト ………………246,254
ブロックチェーン ………………192,201
ブロックチェーン1.0 ……………… 202
ブロックチェーン2.0 ……………… 202
ブロックチェーン3.0 ……………… 202
ブロックチェーンの利用段階 ……… 202
分散型エネルギー資源 ………21,157,290
分散型台帳技術 …………………192,204

## へ

米ITビッグ5 …………………………… 72
ペイパル ……………………………… 197
ベースライン ………………………… 90

ベスト・オブ・ブリード …………… 151
ペネトレーションテスト …………… 235

## ほ

ホームエネルギーマネジメントシステム …… 35
ポストFIT ……………………………… 44
ホワイトハッカー …………………… 234

## ま

マーケットイン ………………245,254
マーケティングオートメーション 68,137,147
マース ………………………163,165,178
マイクログリッド …………………… 34
マイニング …………………………… 205
埋没費用 ……………………………… 255
マニピュレーター ………………135,143
マルウェア …………………………… 234
まるごと未来都市 …………………… 287
マルチモーダルAI …………………… 62

## む

ムーンショット型研究開発制度 ……… 260
無人配送 ……………………………… 292
無線通信規格 ………………………… 68

## も

モノのアナリティクス ……………… 121
モノのインターネット ………… 21,29
モバイルバンク ……………………… 198
モバイルペイメント ………………… 196
モバイルワーク ……………………… 296
モビリティ革命 ……………………… 162

## ゆ

ユーザーエクスペリエンス ············ 245,259

## よ

用途別ロボット ····················· 134,140
容量価値 ······························ 23,31
容量支払制度 ····························· 32

## ら

ランサムウェア ··························· 235

## り

リアルタイムOS ························· 183
リスクアセスメント ····················· 226
リスク対応 ······························ 226
リチウムイオン電池 ··················· 41,173
リモート会議 ···························· 296
リモートワーク ······················ 272,296
両利きの経営 ···························· 250
量子コンピューター ······················ 59

## る

ルールエンジン ······················ 60,136

## れ

レグテック ·························· 191,200
レコメンデーション ······················ 68
レドックスフロー電池 ····················· 41

## ろ

ロジック半導体 ·························· 125

## ロボットティーチング ·················· 142
ロボティクス ···························· 21
ロボティック・プロセス・オートメーション
···························· 136,146,218

## わ

ワーケーション ·························· 300
ワイヤレス給電 ·························· 129
ワイヤレス電力伝送 ······················ 175

## A

AI ····························· 21,29,136
AoT ································· 121
AR ······························ 55,63
Aルート ······························· 39

## B

BAT ································ 56,72
BCM ································ 294
BCP ································ 294
BEMS ································ 35
BG ·································· 38
BI ·································· 122
BPM ································ 151
BRMS ····························· 60,136
Bルート ······························· 39

## C

CAFC規制 ···························· 172
Capacity Payment ···················· 32
CASE ······························ 170
CCS ································· 45

**319**

CDO ···················· 254

CEMS ···················· 35

CISO ···················· 222,231

CO₂フリー水素 ···················· 45

COBIT ···················· 227

CSIRT ···················· 222,232

CVC ···················· 246,253

CX（コーポレートトランスフォーメーション）
···················· 278,286

CX（カスタマーエクスペリエンス）··· 245,258

Cルート ···················· 39

**D**

DaaS ···················· 64,300

DDoS攻撃 ···················· 234

DER ···················· 21,157

DERMS ···················· 102

DERのマルチユース ···················· 102

Desktop as a Service ···················· 64

Digital Labor ···················· 137

DL ···················· 61

DLT ···················· 204

DMA ···················· 230

DoS攻撃 ···················· 233

DR ···················· 21,78,87

DRAM ···················· 125

DRDoS攻撃 ···················· 234

DSA ···················· 230

DSO ···················· 36

DSOプラットフォーム ···················· 103

DX ···················· 285

**E**

EMS ···················· 35

ERAB ···················· 79,86

ERABガイドライン ···················· 89

ESG投資 ···················· 306

ESP ···················· 245,256

EU一般データ保護規則 ···················· 221,229

EV ···················· 21,55,156,170

EV充電スタンド ···················· 174

**F**

FCV ···················· 171

FIP ···················· 44

FIT ···················· 43

Future of Work ···················· 70

**G**

GAFA ···················· 56,72

GDPR ···················· 221,229

GIS ···················· 295

GPS自動走行システム ···················· 143

GPU ···················· 126

GX ···················· 277,285

**H**

HEMS ···················· 35,118

HEV ···················· 171

HFT ···················· 198

HV ···················· 171

## I

IaaS ········································· 64
ICO ········································· 205
ICT··········································· 120
Industry4.0 ···························· 71,119
Infrastructure as a Service ··········· 64
IoT···········································21,29
ISMS ··································· 218,225
ISO ·········································· 36
IT ·········································· 150
IT ガバナンス ·························218,224

## J

J-Auto-ISAC ······························· 178

## K

kWh価値 ································22,31
kW価値 ·································23,31

## L

Long Term Evolution ·················· 69
Low Power Wide Area ··············· 70
LPWA ······································ 70
LTE ········································· 69

## M

M2M ································· 110,116
MaaS ································· 163,178
ML··································· 55,60,136
MR ·········································· 63

## N

NAS電池 ·································· 41
NEV規制 ·································· 172
NIST CSF ·································· 225
NPU ········································ 126

## O

OMO ······································· 259
OT ·········································· 150

## P

P2G ········································· 39
P2H ········································· 39
P2P ·································24,203
P2X ········································· 39
PaaS ······································· 64
PHEV ······································· 171
PHV ········································· 171
Platform as a Service ················· 64
PoC ································· 247,253
Power to Gas ····························· 39
Power to Heat ··························· 39

## R

RaaS ······································· 295
REV ········································· 92
RFID·································· 110,117
RL ·········································· 61
RPA ·······························136,146,218

## S

SaaS ···················································· 64
SDGs ·················································· 305
SNS ·············································· 219,230
SOC ········································ 175,222,232
Society5.0 ····································· 53,71
Software as a Service ················· 64
SOH ················································· 175
SR ···················································· 64
STEM教育 ········································ 260
STO ·················································· 206
Strategic Reserve ························· 32

## T

The Frightful Five ······················ 72
TPO ··················································· 42
TSO ··················································· 36

## U

Utility1.0 ·········································· 31
Utility2.0 ·········································· 31
Utility3.0 ····································· 30,243
UX ············································· 245,259

## V

V2B ················································· 176
V2H ················································· 176
V2X ··········································· 157,175
VDI ············································· 64,300
Vehicle to Building ··················· 176
Vehicle to Home ······················· 176

VPN ··········································· 66,300
VPP ··························· 24,29,41,79,88
VR ············································· 55,63
VRE ··········································· 43,81

## W

Wi-Fi ················································ 70
Woven City ································· 119
WSN ········································· 53,68

## X

xTech ············································· 189

## Z

ZEB ················································· 93
ZEH ·········································· 22,93
ZEV規制 ········································· 172

## 記号・数字

⊿kW価値 ···································· 23,33
2045年問題 ································· 63
3Dプリンティング ························ 67
4地域実証 ··································· 88
5G ··················································· 69
6G ··················································· 70

# ［ 図版索引 ］

### 第 1 章

図 1-1　電力デジタル革命の展望 ･････････････････････････････････ 18
図 1-2　容量・調整力の価値予測 ･････････････････････････････････ 23
図 1-3　電力分野におけるデジタル化・データ活用の動向 ･･････････ 28
図 1-4　接続先別にみるIoTでつながるモノの待機電力量の増加予測（世界）･･････････ 30
図 1-5　メインオークションのイメージ ･････････････････････････ 32
図 1-6　一般的な電気の流れ ･････････････････････････････････････ 37
図 1-7　スマートメーターによるデータの流れ ･･････････････････ 40

### 第 2 章

図 2-1　産業革命と社会の変化 ･･･････････････････････････････････ 50
図 2-2　デジタル化による技術のブレークスルー（いま起こっていること）･･･ 54
図 2-3　5G基地局の整備数（2023年度末）･･･････････････････････ 69
図 2-4　デジタルプラットフォーム企業の事業領域拡大 ･･･････････ 73

### 第 3 章

図 3-1　分散型リソースの種類と価値の提供先 ･･････････････････ 76
図 3-2　VPPのイメージ ･････････････････････････････････････････ 81
図 3-3　アグリゲーターのビジネスモデル ･････････････････････ 82
図 3-4　アグリゲーションビジネスに関連する制度整備の今後のスケジュール ･･･････ 83
図 3-5　再生可能エネの市場統合に向けた市場環境整備（全体像）･･ 85
図 3-6　エネルギー・リソース・アグリゲーション・ビジネスの概要 ･･ 86
図 3-7　デマンドレスポンス（DR）による需要制御のイメージ ･･･ 87
図 3-8　インセンティブ型デマンドレスポンス（DR）の類型 ･･････ 89
図 3-9　ネガワット調整金のしくみ ･････････････････････････････ 92
図 3-10　ダックカーブのイメージ ･･･････････････････････････････ 93
図 3-11　調整力の調達方法の変化 ･･･････････････････････････････ 94
図 3-12A　調整力の商品区分と今後の方針 ･･･････････････････････ 95
図 3-12B　調整力の分類（2019年度向け公募時点）･･･････････････ 95
図 3-12C　需給調整市場の商品要件（抜粋）･･･････････････････････ 96
図 3-13　定置用LIB蓄電システムの出荷実績（容量）･････････････ 100
図 3-14　蓄電システムの価格目標及び導入見通しのまとめ ･･･････ 100
図 3-15　コネクティッドインダストリーズ5つの重点分野 ･･･････ 101

**323**

図 3-16    送配電プラットフォーム、顧客サービス・DERプラットフォームのイメージ ··· 103
図 3-17    電力流通のトランスフォーメーション（PX） ························· 104

**第 4 章**

図 4-1    IoTを活用したエネルギービジネスの流れ ························· 108
図 4-2    IoTを活用した電力会社の新サービス例 ························· 113
図 4-3    情報銀行の概要図 ······································· 128

**第 5 章**

図 5-1    ハードウェアロボットの進化とソフトウェアロボットの効果 ·············· 132
図 5-2    空の産業革命に向けたロードマップ2020
          日本の社会的課題の解決に貢献するドローンの実現 ··············· 144
図 5-3    RPA導入率の推移 ······································· 146
図 5-4    発電分野のデジタル化のイメージ ····························· 150

**第 6 章**

図 6-1    EVを使ったエネルギービジネスの展望 ························· 154
図 6-2    各国政府のEVに関する動向 ······························· 159
図 6-3    各自動車メーカーのEV対応状況 ··························· 161
図 6-4    欧州のEV充電制御ベンチャーの活躍（当日電力取引市場） ·········· 169
図 6-5    需要側コネクト＆マネージの例 ····························· 177
図 6-6    自動運転レベルの定義（J3016）の概要 ····················· 181
図 6-7    モビリティ進化のロードマップ（イメージ） ······················· 182

**第 7 章**

図 7-1    金融サービスの進化と電力P2P取引のモデル ···················· 186
図 7-2    金融のバリューチェーン ··································· 188
図 7-3    電力会社のアンバンドリング（垂直分離）とリバンドリング（水平統合） ······ 190
図 7-4    ブロックチェーンの利用段階 ······························· 202
図 7-5    P2P型とクライアントサーバー型の違い ························· 203
図 7-6    分散型台帳技術のしくみ ··································· 204
図 7-7    ICOとSTOの比較 ······································· 206

**Column3**

図 1      アグリゲーターとプロシューマーの出現 ························· 211

図 2　擬似的電力P2P取引・環境価値取引のトライアル（関西電力）…………… 212
図 3　アグリゲーターとBG（託送利用者）とのアライアンス ………………… 213

**第 8 章**

図 8-1　モノ・データのつながりによりサイバー攻撃の脅威は増大する…………… 216
図 8-2　観測されたサイバー攻撃回数の推移（過去15年間）………………… 223
図 8-3　経営者がリーダーシップをとったセキュリティ対策の推進 ………… 237

**第 9 章**

図 9-1　電力ビジネスにおけるイノベーション ………………………………… 240
図 9-2　電力デジタル革命におけるイノベーション領域 ……………………… 244
図 9-3　意図的戦略と創発的戦略の資源配分プロセス ………………………… 249
図 9-4　両利きの経営とイノベーションのジレンマ
　　　　トランスフォーメーション・トランジションの中で求められる企業行動 …… 251
図 9-5　二面市場（Two-sided Market）、二面プラットフォーム …………… 257

**Column4**

図 1　公益事業における規制改革の進展 ……………………………………… 265
図 2　電気事業におけるイノベーション領域 ………………………………… 266

**第 10 章**

図 10-1　2020年代の電力デジタル経営 ……………………………………… 270
図 10-2　DX推進指標自己診断結果 …………………………………………… 273
図 10-3　ポストコロナで在宅勤務が中心となる従業員の割合 ……………… 274
図 10-4　業種別のテクノロジー予算増加予想 ………………………………… 275
図 10-5　デジタルリスクマネジメントの基本コンセプト …………………… 276
図 10-6　デジタルリスクマネジメントにおける各種ソリューション ……… 277
図 10-7　スマート・コミュニティ・ユーティリティのイメージ …………… 281
図 10-8　カーボンニュートラルの産業イメージ ……………………………… 283
図 10-9　「スーパーシティ」構想の概要 ……………………………………… 288
図 10-10　Society 5.0リファレンスアーキテクチャー ……………………… 289
図 10-11　同期／非同期処理と技術イノベーション ………………………… 298
図 10-12　循環経済（サーキュラーエコノミー）とは ……………………… 304
図 10-13　2050年カーボンニュートラルの実現 …………………………… 307
図 10-14　グリーン成長戦略 14分野の要点 ………………………………… 309

**325**

**執筆者 兼 編者プロフィール**

# 巽 直樹 （たつみ・なおき）

KPMGコンサルティング プリンシパル

---

【略歴】1989年東洋信託銀行（現三菱UFJ信託銀行）入社、おもに国際資金為替部・香港支店などで外国為替・通貨オプション・金利などのディーリング（フロントオフィス）業務に従事。2000年東北電力に転じ、電力取引、海外事業、各種リサーチやリスクマネジメントなどを担当。その後、12年インソース執行役員、15年新日本監査法人（現EY新日本監査法人）エグゼクティブディレクターなどを経て、16年KPMGコンサルティング入社、19年より現職。この間、学習院大学経済学部特別客員教授（05～07年）などを歴任、博士（経営学）。国際公共経済学会監事（17～19年）・同理事（19年～現在）、北海道経済連合会Society5.0ワーキンググループ委員（20年～現在）なども務める。

---

**執筆者**

**西村 陽**　関西電力 シニア リサーチャー（第1、3、6章の各一部、コラム①、②担当）


**執筆協力者（「まるわかり電力デジタル革命キーワード250」執筆者）**

**岡本　陽**　K4 Digital（第1章用語の一部担当）

**笠井 雄剛**　関西電力経営企画室（第1章用語の一部担当）

**小泉 正泰**　関西電力ソリューション本部（第4章の一部担当）

**植田 潤次**　関西電力ソリューション本部（第4章用語の一部担当）

## まるわかり電力デジタル革命 EvolutionPro

2021年8月8日　初版第1刷発行

| | |
|---|---|
| 編著者 | 巽 直樹 |
| 発行者 | 間庭 正弘 |
| 発行所 | 一般社団法人日本電気協会新聞部 |
| | 〒100-0006 東京都千代田区有楽町1-7-1 |
| | TEL 03-3211-1555　FAX 03-3212-6155 |
| | 振替 00180-3-632 |
| | http://www.denkishimbun.com |
| 印刷・製本 | 音羽印刷株式会社 |
| デザイン | クリアサウン |

ⓒTatsumi Naoki, 2021  Printed in Japan　ISBN 978-4-905217-92-3 C2500